CBT 対応版

模擬問題で学ぶ QC検定 4級

品質管理検定運営委員会

委員長　新藤 久和　監修

JN196075

日本規格協会

は じ め に

　品質管理検定（QC 検定）は，2005 年 12 月に実施された最初の検定試験から，40 回目を迎えようとしています．これまで，1 級から 4 級までの累計申込者数は 200 万人を超え，4 級だけでも 30 万人を超える多くの皆様に利用いただいております．特に，4 級は品質管理の基礎を身に付けていただくため，テキストをホームページに公開して学習に資するよう配慮しております．

　このたび，20 周年の節目を迎えるにあたり，受検者の皆様のさらなる利便性の向上を図るとともに，2011 年の東日本大震災および 2020 年のコロナ禍による中止の反省も踏まえ，こうしたリスクを軽減することも考慮した方策としてコンピュータによる試験（CBT）を導入することとしました．

　これにより，従来の問題用紙を見ながら解答するかわりに，コンピュータの画面を見ながら解答する方式に変わります．問題は，原則として四者択一の一問一答形式となり，試験終了と同時に出題分野ごとの正答率を示したレポートが提供されるようになります．詳しくは，次の QC 検定センターウェブサイトをご覧ください．

　（https://webdesk.jsa.or.jp/common/W10K0500/index/qc/）

　本書は，こうした試験の実施方法の変更に対する，皆様の戸惑いや不安を解消するために，CBT における出題形式などに慣れていただくことを目的として作成したものです．したがって，レベル表の内容を網羅しているわけではないことにご留意ください．本書が，第 40 回の検定から実施される CBT を受検される皆様の参考になり，CBT に円滑に移行できるよう願っております．

　2025 年 3 月

品質管理検定運営委員会

委員長(監修)　新藤　久和

目　次

はじめに

第1章　品質管理とは―組織における良い製品づくり―

第2章　品質管理活動に関連する基本知識

第3章　より良い製品づくりのための心構えと行動

品質管理検定（QC 検定）の概要

1．品質管理検定（QC 検定）とは

　品質管理検定（QC 検定／ https://www.jsa.or.jp/qc/）は，品質管理に関する知識の客観的評価を目的とした制度として，2005 年に日本品質管理学会の認定を受けて，日本規格協会が創設（2006 年より主催が日本規格協会及び日本科学技術連盟となる）したものです．

　本検定では，組織（企業）で働く人に求められる品質管理の"能力"を四つのレベルに分類（1〜4 級）し，各レベルの能力を発揮するために必要な品質管理の"知識"を筆記試験により客観的に評価します．

　本検定の目的（図 1）は，制度を普及させることで，個人の QC 意識の向上，組織の QC レベルの向上，製品・サービスの品質向上を図り，産業界全体のものづくり・サービスづくりの質の底上げに資すること，すなわち QC 知識・能力を継続的に向上させる産業基盤となることです．日本品質管理学会（認定）や日本統計学会（2010 年度統計教育賞受賞）などの外部からも高い評価を受けており，社会貢献度の高い事業としても認識されています．

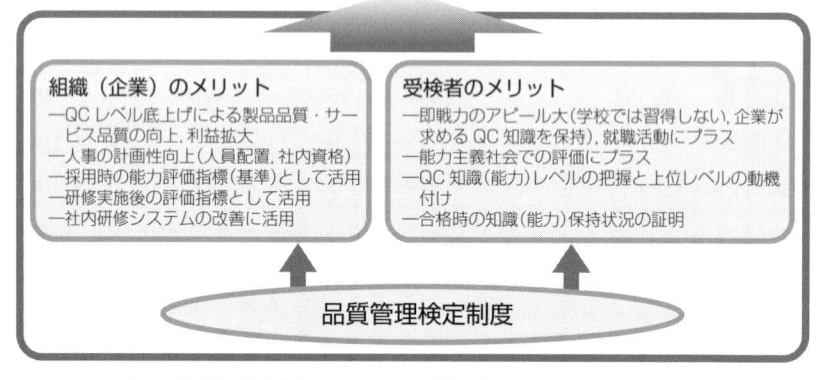

図 1　品質管理検定制度の目的と組織（企業）・受検者のメリット

2. QC検定の内容

＜各級で認定する知識と能力のレベル並びに対象となる人材像＞

区分	認定する知識と能力のレベル	対象となる人材像
1級・準1級	組織内で発生するさまざまな問題に対して，品質管理の側面からどのようにすれば解決や改善ができるかを把握しており，それらを自分で主導していくことが期待されるレベルです．また，自分自身で解決できないようなかなり専門的な問題については，少なくともどのような手法を使えばよいのかという解決に向けた筋道を立てることができる力を有しているようなレベルです． 組織内で品質管理活動のリーダーとなる可能性のある人に最低限要求される知識を有し，その活用の仕方を理解しているレベルです．	・部門横断の品質問題解決をリードできるスタッフ ・品質問題解決の指導的立場の品質技術者
2級	一般的な職場で発生する品質に関係した問題の多くをQC七つ道具及び新QC七つ道具を含む統計的な手法も活用して，自らが中心となって解決や改善をしていくことができ，品質管理の実践についても，十分理解し，適切な活動ができるレベルです． 基本的な管理・改善活動を自立的に実施できるレベルです．	・自部門の品質問題解決をリードできるスタッフ ・品質にかかわる部署の管理職・スタッフ《品質管理，品質保証，研究・開発，生産，技術》
3級	QC七つ道具については，作り方・使い方をほぼ理解しており，改善の進め方の支援・指導を受ければ，職場において発生する問題をQC的問題解決法により，解決していくことができ，品質管理の実践についても，知識としては理解しているレベルです． 基本的な管理・改善活動を必要に応じて支援を受けながら実施できるレベルです．	・業種・業態にかかわらず自分たちの職場の問題解決を行う全社員《事務，営業，サービス，生産，技術を含むすべて》 ・品質管理を学ぶ大学生・高専生・高校生
4級	組織で仕事をするにあたって，品質管理の基本を含めて企業活動の基本常識を理解しており，企業等で行われている改善活動も言葉としては理解できるレベルです． 社会人として最低限知っておいてほしい仕事の進め方や品質管理に関する用語の知識は有しているというレベルです．	・初めて品質管理を学ぶ人 ・新入社員 ・社員外従業員 ・初めて品質管理を学ぶ大学生・高専生・高校生

品質管理検定レベル表（Ver. 20150130.2）より

　各級の試験方法・試験時間・受検料等の＜試験要項＞及び＜合格基準＞は，QC検定センターのウェブサイトで最新の情報をご確認ください．

3. 各級の出題範囲

各級の出題範囲とレベルは下記に示す，QC 検定センターが公表している"品質管理検定レベル表（Ver. 20150130.2)"に定められています．

また，各級に求められる知識内容を俯瞰できるよう，レベル表の補助表として，手法編・実践編マトリックスが公表されています．

表の見方

- 各級の試験範囲は，各欄に示されている範囲だけではなく，<u>その下に位置する級の範囲を含んでいます</u>．例えば，2 級の場合，2 級に加えて 3 級と 4 級の範囲を含んだものが 2 級の試験範囲とお考えください．
- 4 級は，ウェブで公開している"品質管理検定（QC 検定）4 級の手引き（Ver.3.2)"の内容で，このレベル表に記載された試験範囲から出題されます．
- 準 1 級は，1 級試験の一次試験合格者（知識レベルの合格者）に付与するものです．

※凡例 ― 必要に応じて，次の記号で補足する内容・種類を区別します．
　　　　（　）：注釈や追記事項を記しています．
　　　　《　》：具体的な例を示しています．例としてこの限りではありません．
　　　　【　】：その項目の出題レベルの程度や範囲を記しています．

(Ver. 20150130.2)

級	試験範囲	
	品質管理の実践	品質管理の手法
1 級 ・ 準 1 級	■品質の概念 ・社会的品質 ・顧客満足（CS），顧客価値 ■品質保証：新製品開発 ・結果の保証とプロセスによる保証 ・保証と補償 ・品質保証体系図 ・品質機能展開 ・DR とトラブル予測，FMEA，FTA ・品質保証のプロセス，保証の網（QA ネットワーク） ・製品ライフサイクル全体での品質保証 ・製品安全，環境配慮，製造物責任 ・初期流動管理 ・市場トラブル対応，苦情とその処理	■データの取り方とまとめ方 ・有限母集団からのサンプリング《超幾何分布》 ■新 QC 七つ道具 ・アローダイアグラム法 ・PDPC 法 ・マトリックス・データ解析法 ■統計的方法の基礎 ・一様分布（確率計算を含む） ・指数分布（確率計算を含む） ・二次元分布（確率計算を含む） ・共分散 ・大数の法則と中心極限定理 ■計量値データに基づく検定と推定 ・3 つ以上の母分散に関する検定

級	試験範囲	
	品質管理の実践	品質管理の手法
1級・準1級	■品質保証：プロセス保証 ・作業標準書 ・プロセス（工程）の考え方 ・QC工程図，フローチャート ・工程異常の考え方とその発見・処置 ・工程能力調査，工程解析 ・変更管理，変化点管理 ・検査の目的・意義・考え方(適合,不適合) ・検査の種類と方法 ・計測の基本 ・計測の管理 ・測定誤差の評価 ・官能検査，感性品質 ■品質経営の要素：方針管理 ・方針の展開とすり合せ ・方針管理のしくみとその運用 ・方針の達成度評価と反省 ■品質経営の要素：機能別管理【定義と基本的な考え方】 ・マトリックス管理 ・クロスファンクショナルチーム（CFT） ・機能別委員会 ・機能別の責任と権限 ■品質経営の要素：日常管理 ・変化点とその管理 ■品質経営の要素：標準化 ・標準化の目的・意義・考え方 ・社内標準化とその進め方 ・産業標準化，国際標準化 ■品質経営の要素：人材育成 ・品質教育とその体系 ■品質経営の要素：診断・監査 ・品質監査 ・トップ診断 ■品質経営の要素：品質マネジメントシステム ・品質マネジメントの原則 ・ISO 9001 ・第三者認証制度【定義と基本的な考え方】 ・品質マネジメントシステムの運用 ■倫理・社会的責任【定義と基本的な考え方】 ・品質管理に携わる人の倫理 ・社会的責任 ■品質管理周辺の実践活動 ・マーケティング，顧客関係性管理 ・データマイニング・テキストマイニングなど【言葉として】	■計数値データに基づく検定と推定 ・適合度の検定 ■管理図 ・メディアン管理図 ■工程能力指数 ・工程能力指数の区間推定 ■抜取検査 ・計数選別型抜取検査 ・調整型抜取検査 ■実験計画法 ・多元配置実験 ・乱塊法 ・分割法 ・枝分かれ実験 ・直交表実験《多水準法，擬水準法，分割法》 ・応答曲面法，直交多項式【定義と基本的な考え方】 ■ノンパラメトリック法【定義と基本的な考え方】 ■感性品質と官能評価手法【定義と基本的な考え方】 ■相関分析 ・母相関係数の検定と推定 ■単回帰分析 ・回帰母数に関する検定と推定 ・回帰診断 ・繰り返しのある場合の単回帰分析 ■重回帰分析 ・重回帰式の推定 ・分散分析 ・回帰母数に関する検定と推定 ・回帰診断 ・変数選択 ・さまざまな回帰式 ■多変量解析法 ・判別分析 ・主成分分析 ・クラスター分析【定義と基本的な考え方】 ・数量化理論【定義と基本的な考え方】 ■信頼性工学 ・耐久性，保全性，設計信頼性 ・信頼性データのまとめ方と解析 ・ロバストパラメータ設計 ・パラメータ設計の考え方 ・静特性のパラメータ設計 ・動特性のパラメータ設計
	1級・準1級の試験範囲には2級，3級，4級の範囲も含みます．	

級	試験範囲	
	品質管理の実践	品質管理の手法
2級	■ QC 的ものの見方・考え方 ・応急対策, 再発防止, 未然防止, 予測予防 ・見える化《管理のためのグラフや図解による可視化》, 潜在トラブルの顕在化 ■品質の概念 ・品質の定義 ・要求品質と品質要素 ・ねらいの品質とできばえの品質 ・品質特性, 代用特性 ・当たり前品質と魅力的品質 ・サービスの品質, 仕事の品質 ・顧客満足 (CS), 顧客価値【定義と基本的な考え方】 ■管理の方法 ・維持と管理 ・継続的改善 ・問題と課題 ・課題達成型 QC ストーリー ■品質保証: 新製品開発【定義と基本的な考え方】 ・結果の保証とプロセスによる保証 ・保証と補償 ・品質保証体系図 ・品質機能展開 ・DR とトラブル予測, FMEA, FTA ・品質保証のプロセス, 保証の網 (QA ネットワーク) ・製品ライフサイクル全体での品質保証 ・製品安全, 環境配慮, 製造物責任 ・初期流動管理 ・市場トラブル対応, 苦情とその処理 ■品質保証: プロセス保証【定義と基本的な考え方】 ・作業標準書 ・プロセス (工程) の考え方 ・QC 工程図, フローチャート ・工程異常の考え方とその発見・処置 ・工程能力調査, 工程解析 ・変更管理, 変化点管理 ・検査の目的・意義・考え方 (適合, 不適合) ・検査の種類と方法 ・計測の基本 ・計測の管理 ・測定誤差の評価 ・官能検査, 感性品質 ■品質経営の要素: 方針管理 ・方針 (目標と方策) ・方針の展開とすり合せ【定義と基本的な考え方】	■データの取り方とまとめ方 ・サンプリングの種類《2 段, 層別, 集落, 系統》と性質 ■新 QC 七つ道具 ・親和図法 ・連関図法 ・系統図法 ・マトリックス図法 ■統計的方法の基礎 ・正規分布 (確率計算を含む) ・二項分布 (確率計算を含む) ・ポアソン分布 (確率計算を含む) ・統計量の分布 (確率計算を含む) ・期待値と分散 ・大数の法則と中心極限定理【定義と基本的な考え方】 ■計量値データに基づく検定と推定 ・検定・推定とは ・1 つの母分散に関する検定と推定 ・1 つの母平均に関する検定と推定 ・2 つの母分散の比に関する検定と推定 ・2 つの母平均の差に関する検定と推定 ・データに対応がある場合の検定と推定 ■計数値データに基づく検定と推定 ・母不適合品率に関する検定と推定 ・2 つの母不適合品率の違いに関する検定と推定 ・母不適合品数に関する検定と推定 ・2 つの母不適合品数の違いに関する検定と推定 ・分割表による検定 ■管理図 ・$\bar{X}{-}s$ 管理図 ・X 管理図 ・p 管理図, np 管理図 ・u 管理図, c 管理図 ■抜取検査 ・抜取検査の考え方 ・計数規準型抜取検査 ・計量規準型抜取検査 ■実験計画法 ・実験計画法の考え方 ・一元配置実験 ・二元配置実験 ■相関分析 ・系列相関《大波の相関, 小波の相関》 ■単回帰分析 ・単回帰式の推定 ・分散分析 ・回帰診断《残差の検討》【定義と基本的な考え方】

級	試験範囲	
	品質管理の実践	品質管理の手法
2級	・方針管理のしくみとその運用【定義と基本的な考え方】 ・方針の達成度評価と反省【定義と基本的な考え方】 ■品質経営の要素：機能別管理【言葉として】 ・マトリックス管理 ・クロスファンクショナルチーム（CFT） ・機能別委員会 ・機能別の責任と権限 ■品質経営の要素：日常管理 ・業務分掌，責任と権限 ・管理項目（管理点と点検点），管理項目一覧表 ・異常とその処置 ・変化点とその管理【定義と基本的な考え方】 ■品質経営の要素：標準化【定義と基本的な考え方】 ・標準化の目的・意義・考え方 ・社内標準化とその進め方 ・産業標準化，国際標準化 ■品質経営の要素：小集団活動 ・小集団改善活動（QCサークル活動など）とその進め方 ■品質経営の要素：人材育成【定義と基本的な考え方】 ・品質教育とその体系 ■品質経営の要素：診断・監査【定義と基本的な考え方】 ・品質監査 ・トップ診断 ■品質経営の要素：品質マネジメントシステム【定義と基本的な考え方】 ・品質マネジメントの原則 ・ISO 9001 ・第三者認証制度【言葉として】 ・品質マネジメントシステムの運用【言葉として】 ■倫理・社会的責任【言葉として】 ・品質管理に携わる人の倫理 ・社会的責任 ■品質管理周辺の実践活動【言葉として】 ・顧客価値創造技術（商品企画七つ道具を含む） ・IE，VE ・設備管理，資材管理，生産における物流・量管理	■信頼性工学 ・品質保証の観点からの再発防止，未然防止 ・耐久性，保全性，設計信頼性【定義と基本的な考え方】 ・信頼性モデル《直列系，並列系，冗長系，バスタブ曲線》 ・信頼性データのまとめ方と解析【定義と基本的な考え方】

2級の試験範囲には3級，4級の範囲も含みます．

級	試験範囲	
	品質管理の実践	品質管理の手法
3級	■ QC 的ものの見方・考え方 ・マーケットイン，プロダクトアウト，顧客の特定，Win-Win ・品質優先，品質第一 ・後工程はお客様 ・プロセス重視（品質は工程で作るの広義の意味） ・特性と要因，因果関係 ・応急対策，再発防止，未然防止，予測予防【定義と基本的な考え方】 ・源流管理 ・目的志向 ・QCD+PSME ・重点指向《選択，集中，局部最適》 ・事実に基づく活動，三現主義 ・見える化《管理のためのグラフや図解による可視化》，潜在トラブルの顕在化【定義と基本的な考え方】 ・ばらつきに注目する考え方 ・全部門，全員参加 ・人間性尊重，従業員満足 (ES) ■品質の概念【定義と基本的な考え方】 ・品質の定義 ・要求品質と品質要素 ・ねらいの品質とできばえの品質 ・品質特性，代用特性 ・当たり前品質と魅力的品質 ・サービスの品質，仕事の品質 ・社会的品質【定義と基本的な考え方】 ・顧客満足 (CS)，顧客価値【言葉として】 ■管理の方法 ・維持と管理【定義と基本的な考え方】 ・PDCA，SDCA，PDCAS ・継続的改善【定義と基本的な考え方】 ・問題と課題【定義と基本的な考え方】 ・問題解決型 QC ストーリー ・課題達成型 QC ストーリー【定義と基本的な考え方】 ■品質保証：新製品開発【定義と基本的な考え方】 ・結果の保証とプロセスによる保証 ・保証と補償【言葉として】 ・品質保証体系図【言葉として】 ・品質機能展開【言葉として】 ・DR とトラブル予測，FMEA，FTA【言葉として】 ・品質保証のプロセス，保証の網（QA ネットワーク）【言葉として】 ・製品ライフサイクル全体での品質保証【言葉として】	■データの取り方・まとめ方 ・データの種類 ・データの変換 ・母集団とサンプル ・サンプリングと誤差 ・基本統計量とグラフ ■ QC 七つ道具 ・パレート図 ・特性要因図 ・チェックシート ・ヒストグラム ・散布図 ・グラフ（管理図別項目として記載） ・層　別 ■新 QC 七つ道具【定義と基本的な考え方】 ・親和図法 ・連関図法 ・系統図法 ・マトリックス図法 ・アローダイアグラム法 ・PDPC 法 ・マトリックス・データ解析法 ■統計的方法の基礎【定義と基本的な考え方】 ・正規分布（確率計算を含む） ・二項分布（確率計算を含む） ■管理図 ・管理図の考え方，使い方 ・$\bar{X}$–R 管理図 ・p 管理図，np 管理図【定義と基本的な考え方】 ■工程能力指数 ・工程能力指数の計算と評価方法 ■相関分析 ・相関係数

級	試験範囲	
	品質管理の実践	品質管理の手法
3級	・製品安全，環境配慮，製造物責任【言葉として】 ・市場トラブル対応，苦情とその処理 ■品質保証：プロセス保証【定義と基本的な考え方】 ・作業標準書 ・プロセス（工程）の考え方 ・QC工程図，フローチャート【言葉として】 ・工程異常の考え方とその発見・処置【言葉として】 ・工程能力調査，工程解析【言葉として】 ・検査の目的・意義・考え方（適合，不適合） ・検査の種類と方法 ・計測の基本【言葉として】 ・計測の管理【言葉として】 ・測定誤差の評価【言葉として】 ・官能検査，感性品質【言葉として】 ■品質経営の要素：方針管理【定義と基本的な考え方】 ・方針（目標と方策） ・方針の展開とすり合せ【言葉として】 ・方針管理のしくみとその運用【言葉として】 ・方針の達成度評価と反省【言葉として】 ■品質経営の要素：日常管理【定義と基本的な考え方】 ・業務分掌，責任と権限 ・管理項目（管理点と点検点），管理項目一覧表 ・異常とその処置 ・変化点とその管理【言葉として】 ■品質経営の要素：標準化【言葉として】 ・標準化の目的・意義・考え方 ・社内標準化とその進め方 ・産業標準化，国際標準化 ■品質経営の要素：小集団活動【定義と基本的な考え方】 ・小集団改善活動（QCサークル活動など）とその進め方 ■品質経営の要素：人材育成【言葉として】 ・品質教育とその体系 ■品質経営の要素：品質マネジメントシステム【言葉として】 ・品質マネジメントの原則 ・ISO 9001	

> 3級の試験範囲には4級の範囲も含みます．

級	試験範囲		
	品質管理の実践	品質管理の手法	
4級	品質管理の実践	品質管理の手法	企業活動の基本
	■品質管理 ・品質とその重要性 ・品質優先の考え方 （マーケットイン，プロダクトアウト） ・品質管理とは ・お客様満足とねらいの品質 ・問題と課題 ・苦情，クレーム ■管　理 ・管理活動（維持と改善） ・仕事の進め方 ・PDCA，SDCA ・管理項目 ■改　善 ・改善（継続的改善） ・QCストーリー（問題解決型QCストーリー） ・3ム（ムダ，ムリ，ムラ） ・小集団改善活動とは（QCサークルを含む） ・重点指向とは ■工程（プロセス） ・前工程と後工程 ・工程の5M ・異常とは（異常原因，偶然原因） ■検　査 ・検査とは（計測との違い） ・適合（品） ・不適合（品）（不良，不具合を含む） ・ロットの合格，不合格 ・検査の種類 ■標準・標準化 ・標準化とは ・業務に関する標準，品物に関する標準（規格） ・色々な標準《国際，国家》	■事実に基づく判断 ・データの基礎（母集団，サンプリング，サンプルを含む） ・ロット ・データの種類（計量値，計数値） ・データのとり方，まとめ方 ・平均とばらつきの概念 ・平均と範囲 ■データの活用と見方 ・QC七つ道具（種類，名称，使用の目的，活用のポイント） ・異常値 ・ブレーンストーミング	・製品とサービス ・職場における総合的な品質（QCD+PSME） ・報告・連絡・相談（ほうれんそう） ・5W1H ・三現主義 ・5ゲン主義 ・企業生活のマナー ・5S ・安全衛生（ヒヤリハット，KY活動，ハインリッヒの法則） ・規則と標準（就業規則を含む）

4級は，ウェブで公開している"品質管理検定（QC検定）4級の手引き（Ver.3.2）"の内容で，このレベル表に記載された試験範囲から出題されます．

QC 検定レベル表マトリックス（手法編）

※凡例 ― 必要に応じて，次の記号で補足する内容・種類を区別します．
　◎：その内容を実務で運用できるレベル
　○：その内容を知識として（定義と基本的な考え方を）理解しているレベル
　*：新たに追加した項目
　（　）：注釈や追記事項を記しています．
　《　》：具体的な例を示しています。例としてこの限りではありません．

		1 級	2 級	3 級
データの取り方と まとめ方	データの種類	◎	◎	◎
	データの変換	◎	◎	◎
	母集団とサンプル	◎	◎	◎
	サンプリングと誤差	◎	◎	◎
	基本統計量とグラフ	◎	◎	◎
	サンプリングの種類(2段, 層別, 集落, 系統など)と性質	◎	◎	
	有限母集団からのサンプリング（超幾何分布など）	◎		
QC 七つ道具	パレート図	◎	◎	◎
	特性要因図	◎	◎	◎
	チェックシート	◎	◎	◎
	ヒストグラム	◎	◎	◎
	散布図	◎	◎	◎
	グラフ（管理図は別項目として記載）	◎	◎	◎
	層別	◎	◎	◎
新 QC 七つ道具	親和図法	◎	◎	
	連関図法	◎	◎	
	系統図法	◎	◎	
	マトリックス図法	◎	◎	
	アローダイアグラム法	◎	◎	
	PDPC 法	◎	○	
	マトリックスデータ解析法	◎	○	○
統計的方法の基礎	正規分布（確率計算を含む）	◎	◎	○*
	一様分布（確率計算を含む）	◎		
	指数分布（確率計算を含む）	◎		
	二項分布（確率計算を含む）	◎	◎*	○*
	ポアソン分布（確率計算を含む）	◎	◎*	
	二次元分布（確率計算を含む）	◎		
	統計量の分布（確率計算を含む）	◎	◎*	
	期待値と分散	◎	◎	
	共分散	◎		
	大数の法則と中心極限定理	◎	○*	
計量値データに基づく検定と推定	検定と推定の考え方	◎	◎	
	1つの母平均に関する検定と推定	◎	◎	
	1つの母分散に関する検定と推定	◎	◎	
	2つの母分散の比に関する検定と推定	◎	◎	

QC 検定レベル表マトリックス（手法編・つづき）

		1級	2級	3級
計量値データに基づく検定と推定	2つの母平均の差に関する検定と推定	◎	◎	
	データに対応がある場合の検定と推定	◎	◎	
	3つ以上の母分散に関する検定	◎		
計数値データに基づく検定と推定	母不適合品率に関する検定と推定	◎	◎*	
	2つの母不適合品率の違いに関する検定と推定	◎	◎*	
	母不適合数に関する検定と推定	◎	◎*	
	2つの母不適合数に関する検定と推定	◎	◎*	
	適合度の検定	◎		
	分割表による検定	◎	◎*	
管理図	管理図の考え方，使い方	◎	◎	◎
	$\bar{X}$–R 管理図	◎	◎	◎
	$\bar{X}$–s 管理図	◎	◎	
	X–Rs 管理図	◎	◎	
	p 管理図，np 管理図	◎	◎	○*
	u 管理図，c 管理図	◎	◎	
	メディアン管理図	◎		
工程能力指数	工程能力指数の計算と評価方法	◎	◎	◎
	工程能力指数の区間推定	◎		
抜取検査	抜取検査の考え方	◎	◎	
	計数規準型抜取検査	◎	◎	
	計量規準型抜取検査	◎	◎	
	計数選別型抜取検査	◎		
	調整型抜取検査	◎		
実験計画法	実験計画法の考え方	◎	◎	
	一元配置実験	◎	◎	
	二元配置実験	◎	◎	
	多元配置実験	◎		
	乱塊法	◎		
	分割法	◎		
	枝分かれ実験	◎		
	直交表実験（多水準法，擬水準法，分割法など）	◎		
	応答曲面法・直交多項式	○		
ノンパラメトリック法		○*		
感性品質と官能評価手法		○*		
相関分析	相関係数	◎	◎	◎*
	系列相関（大波の相関，小波の相関など）	◎	◎	
	母相関係数の検定と推定	◎		
単回帰分析	単回帰式の推定	◎	◎	
	分散分析	◎	◎	
	回帰母数に関する検定と推定	◎		
	回帰診断（2級は残差の検討）	◎	○*	
	繰り返しのある場合の単回帰分析	◎		

QC 検定レベル表マトリックス（手法編・つづき）

		1級	2級	3級
重回帰分析	重回帰式の推定	◎		
	分散分析	◎		
	回帰母数に関する検定と推定	◎		
	回帰診断	◎		
	変数選択	◎		
	さまざまな回帰式	◎		
多変量解析法	判別分析	◎		
	主成分分析	◎		
	クラスター分析	○		
	数量化理論	○		
信頼性工学	品質保証の観点からの再発防止・未然防止	◎	◎	
	耐久性，保全性，設計信頼性	◎	○	
	信頼性モデル（直列系，並列系，冗長系，バスタブ曲線など）	◎	◎	
	信頼性データのまとめ方と解析	◎	○*	
ロバストパラメータ設計	パラメータ設計の考え方	◎		
	静特性のパラメータ設計	◎		
	動特性のパラメータ設計	◎		

QC 検定レベル表マトリックス（実践編）

※凡例 ─ 必要に応じて，次の記号で補足する内容・種類を区別します．
　　　◎：その内容を実務で運用できるレベル
　　　○：その内容を知識として（定義と基本的な考え方を）理解しているレベル
　　　△：言葉として知っている程度のレベル
　　*：新たに追加した項目
　　　（　）：注釈や追記事項を記しています．
　　　《　》：具体的な例を示しています。例としてこの限りではありません．

		1級	2級	3級
品質管理の基本（QC 的なものの見方／考え方）	マーケットイン，プロダクトアウト，顧客の特定，Win-Win	◎	◎	◎
	品質優先，品質第一	◎	◎	◎
	後工程はお客様	◎	◎	◎
	プロセス重視（品質は工程で作るの広義の意味）	◎	◎	◎
	特性と要因，因果関係	◎	◎	◎
	応急対策，再発防止，未然防止	◎	◎	○
	源流管理	◎	◎	◎
	目的志向	◎	◎	◎
	QCD+PSME	◎	◎	◎
	重点指向	◎	◎	◎

QC 検定レベル表マトリックス（実践編・つづき）

			1 級	2 級	3 級
品質管理の基本 （QC 的なものの見方／ 考え方）		事実に基づく活動，三現主義	◎	◎	◎
		見える化，潜在トラブルの顕在化	◎	◎	◎
		ばらつきに注目する考え方	◎	◎	◎
		全部門，全員参加	◎	◎	◎
		人間性尊重，従業員満足（ES）	◎	◎	◎
品質の概念		品質の定義	◎	◎	○
		要求品質と品質要素	◎	◎	○
		ねらいの品質とできばえの品質	◎	◎	○
		品質特性，代用特性	◎	◎	○
		当たり前品質と魅力的品質	◎	◎	○
		サービスの品質，仕事の品質	◎	◎	○
		社会的品質	◎	◎	○
		顧客満足（CS），顧客価値	◎	○	△
管理の方法		維持と改善	◎	◎	○
		PDCA，SDCA	◎	◎	◎
		継続的改善	◎	◎	○
		問題と課題	◎	◎	○
		問題解決型 QC ストーリー	◎	◎	◎
		課題達成型 QC ストーリー	◎	◎	○*
品質保証	新製品開発	結果の保証とプロセスによる保証	◎	○	○*
		保証と補償	◎	○	△*
		品質保証体系図	◎	○	△*
		品質機能展開（QFD）	◎	○	△*
		DR とトラブル予測，FMEA，FTA	◎	○	△*
		品質保証のプロセス，保証の網（QA ネットワーク）	◎	○	△*
		製品ライフサイクル全体での品質保証	◎	○	△*
		製品安全，環境配慮，製造物責任	◎	○	△*
		初期流動管理	◎	○	
		市場トラブル対応，苦情とその処理	◎	○	○*
	プロセス保証	作業標準書	◎	○	○
		プロセス（工程）の考え方	◎	○	○
		QC 工程図，フローチャート	◎	○	△
		工程異常の考え方とその発見・処置	◎	○	△
		工程能力調査，工程解析	◎	○	△
		変更管理，変化点管理	◎	○	
		検査の目的・意義・考え方(適合，不適合)	◎	○	○
		検査の種類と方法	◎	○	○
		計測の基本	◎	○	△
		計測の管理	◎	○	△
		測定誤差の評価	◎	○	△*
		官能検査，感性品質	◎	○	△*

QC 検定レベル表マトリックス（実践編・つづき）

			1 級	2 級	3 級
品質経営の要素	方針管理	方針（目標と方策）	◎	◎	○
		方針の展開とすり合せ	◎	○	△
		方針管理のしくみとその運用	◎	○	△
		方針の達成度評価と反省	◎	○	△
	機能別管理	マトリックス管理	○	△	
		クロスファンクショナルチーム（CFT）	○	△	
		機能別委員会	○	△	
		機能別の責任と権限	○	△	
	日常管理	業務分掌，責任と権限	◎	◎	○
		管理項目（管理点と点検点），管理項目一覧表	◎	◎	○
		異常とその処置	◎	◎	○
		変化点とその管理	◎	○	△
	標準化	標準化の目的・意義・考え方	◎	○	△
		社内標準化とその進め方	◎	○	△
		産業標準化，国際標準化	◎	○	△
	小集団活動	小集団改善活動（QC サークル活動など）とその進め方	◎	◎	○
	人材育成	品質教育とその体系	◎	○	△
	診断・監査	品質監査	◎	○	
		トップ診断	◎	○	
	品質マネジメントシステム	品質マネジメントの原則	◎	○	△*
		ISO 9001	◎	○	△*
		第三者認証制度	○	△	
		品質マネジメントシステムの運用	◎	△	
倫理／社会的責任		品質管理に携わる人の倫理	○	△	
		社会的責任（SR）	○	△	
品質管理周辺の実践活動		顧客価値創造技術（商品企画七つ道具を含む）	○	△	
		マーケティング，顧客関係性管理	○		
		IE，VE	○	△	
		設備管理，資材管理，生産における物流・量管理	○	△	
		データマイニング，テキストマイニングなど	△		

CBT（コンピュータ試験）の概要

1. CBT（コンピュータ試験）とは

CBT とは，Computer Based Testing の略で，試験をすべてコンピュータ上で行う試験方式のことです．受検者は，パソコンなどに表示される問題に対して，マウスやキーボードを用いて解答するもので，様々な資格・検定，大学の語学入試，企業の採用試験などで活用が進んでいます．

なお，QC 検定で行う CBT は，ご自宅ではなく，品質管理検定センター指定の全国のテストセンター（コンピュータ試験会場）で受検いただく方式です．テストセンターで用意されたパソコンを使用し，解答していただきます（テストセンター型の CBT 方式）．

テストセンター型の CBT 方式は，従来からの全国一斉型のマークシート方式に比べて，以下の利点があります．

① **日時・会場を選べる**

　これまでは，3 月と 9 月の年 2 回（日曜日）に試験日が限られていましたが，CBT では，設定された受検期間であれば，空席のある全国のテストセンターにおいて，自ら受検日時と会場を選択して申込みが可能です．

　また，日曜日は受検ができない事情がある方も，土曜日や平日を選択することができます．

② **日時・会場を変更できる**

　予定していた受検が悪天候であったり，自然災害が発生したり，また健康がすぐれない場合であっても，受検者自身で日時や会場の変更等が可能です．

③ **学習計画が柔軟に立てられる**

　試験日を自分の都合で決められるので，試験日までの学習計画を柔軟に立てることができます．

2．CBT 方式の詳細と試験画面の説明について

　CBT 方式の詳細は，下記 QC 検定センターウェブサイトで最新の情報が公開されていますので，ご確認ください．

　また，試験画面の説明や問題例についても，QC 検定センターウェブサイトにアクセスしていただきまして，「QC 検定インフォメーション」などからご確認いただくことができます．試験前に，ぜひご活用ください．

QC 検定／CBT 方式の詳細に関するお問合せ

一般財団法人日本規格協会　QC 検定センター
専用メールアドレス　kentei@jsa.or.jp
QC 検定センターウェブサイト
　https://www.jsa.or.jp/qc/

3．QC 検定のお申込み方法

　QC 検定試験では個人での受検申込みのほかに，団体での受検申込みをいただくことができます．

　個人受検と団体受検の申込み方法の詳細は，上記 QC 検定センターウェブサイトで最新の情報をご確認ください．

参考 CBT 方式での画面イメージ

CBT 方式での画面イメージを示します.

一画面の中で, 左側には大問が表示され, 右側には小問と選択肢が表示されます (この画面はあくまでイメージであり, 実際の試験画面とは異なります).

☛ 画面左：大問

● 【特性要因図】
　以下に, 一般的な特性要因図の作成手順を示す.

手順1：対策あるいは改善しなければならない問題(A)を取り上げる.

手順2：一般に, 右側に問題(A)を書いて四角で囲み, それに向かって左から水平に太い矢印(B)を書く. 問題(A)に影響を与える要因を洗い出し, 大要因から矢印のつながりによって要因間の関係を系統的に整理する.

手順3：ひとまず完成した特性要因図について, 要因に漏れがないかなどチェックして(C)必要なものは加え, 不要なものは消して最終的な調整を行う.

手順4：影響度の大きな要因(D)には他の要因と区別できるように丸で囲むなどする.

手順5：表題, 関係者, 作成年月日など必要事項を記入する.

画面右：小問と選択肢　☞

■ **問13**

特性要因図の作成において，取り上げた下線部(A)の問題を何というか．もっとも適切なものをひとつ選べ．

- ○ 原因
- ○ 特性
- ○ ノウハウ
- ○ 要素

■ **問14**

特性要因図の作成において，下線部(B)の太い矢印を何というか．もっとも適切なものをひとつ選べ．

- ○ 中骨
- ○ 背骨
- ○ 大骨
- ○ 小骨

本書の使い方

　本書は，QC 検定 4 級の合格を目指して，参考書・演習問題集・過去問題で学習してきた方が，CBT に対応した模擬問題を解くことで，本番の出題形式を理解することができるように作成された教材です．

　そのため，本書だけですべての出題範囲を網羅しているわけではありませんが，参考書・演習問題集・過去問題と本書を併用して学習することにより，CBT 方式での QC 検定 4 級合格に近づくことができると考えます．

本書の特長

- 問題文が，本番の出題形式に近い記述となっている
- 大問全体をとおした出題のねらいを明らかにしている
- 小問ごとに丁寧でわかりやすい解説を行っている

問題文
本番の出題形式に近い記述となっています．

出題のねらい
大問全体をとおした出題のねらいを明らかにしています．

14

4. 品質優先の考え方

組織をあげて品質管理を推進する場合には，基本的な考え方 (A) を定める．関係する人々の考え方や目指す方向が一致していると，全社で品質管理を推進しやすくなる．

お客様にとっては，製品を使用するためにかかるコストを低くすること (B) などは大切であるが，期待を裏切るような製品やサービスを提供することはもっとも避けるべき事項である．市場での占有率の拡大 (C) などよりも，良い品質の製品やサービスを提供することを優先する考え方を明確に表すものとして，品質至上 (D) という考え方がある．

問 12
下線部 (A) を明文化したものとして，もっとも適切なものをひとつ選べ．

　ア．品質方針
　イ．チェックシート
　ウ．国家規格
　エ．作業マニュアル

問 13
下線部 (B) のほかに，お客様にとって大切なことの例として，もっとも適切なものをひとつ選べ．

　ア．人員の適正化
　イ．製造の効率化
　ウ．納期の厳守

15

　エ．機械・設備の刷新

問 14
下線部 (C) のほかに，良い品質の製品やサービスの提供より優先すべきでない (E) として，もっとも適切なものをひとつ選べ．

　ア．納期厳守
　イ．お客様の求める納品量の達成
　ウ．お客様の要求との合致
　エ．短期的な利益

問 15
下線部 (D) の別の言い方として，もっとも適切なものをひとつ選べ．

　ア．プロダクトアウト
　イ．後工程はお客様
　ウ．品質第一
　エ．品質改善

解説

この問題は，品質管理を進めるうえで関係する人々の考え方や目指す方向の価値観を組織として一致させるために，製品やサービスの品質に対する組織としての方向付けを定めた品質方針や品質優先の考え方を問うものである．

品質を優先するという考え方は，品質管理を進めるうえで重要である．

本問では，この品質優先を絡めて，関係する人々の考え方や目指す方向の価値観を組織として一致させるために，製品やサービスの品質に対する組織とし

16

ての方向付けを定めた品質方針，および品質優先の考え方を明確に表現する品質第一あるいは品質至上について理解しているかどうかがポイントである．

解答
　問 12 ア　　**問 13** ウ　　**問 14** エ　　**問 15** ウ

問 12
品質を優先するためには，製品やサービスの品質に対する組織の方向付けを品質方針として定めることが重要である．ここに，品質方針は，品質に関する組織の全体的な意図および方向付けを，トップ自らが正式に表明したものである．

誤解答である選択肢について，チェックシートは QC 七つ道具の一つであるが，国家規格は国家が定める規格である．作業マニュアルは作業手順が示されているものである．したがって，問題文の「品質管理を推進する場合の基本的な考え方」を明文化したものは品質方針である．よって，正解はアである．

問 13
企業がお客様に提供する製品やサービスの品質は何かを考えるとき，お客様にとって大切なことは何かについて組織が考えるべきことは，お客様の期待に合致するような品質の製品やサービスを提供することである．

誤解答である選択肢について，人員の適正化，製造の効率化，機械・設備の更新は，良い品質の製品やサービスを提供するために組織にとって重要な事項ではあるが，お客様の直接的な利益にはならない．よって，正解はウである．

納期は，総合的な品質である QCD の一つであって，納期が遅れることは，お客様の機会損失を生じさせ，組織にとってもお客様からの信頼を損なうことになる．

17

問 14
本問は，組織がお客様に良い品質の製品やサービスを提供することより優先すべきでないものは何かについて問うものである．

品質優先において，「短期的な利益追求や売上げ拡大」よりも，良い品質の製品やサービスを提供することを優先する」ことをする．納期厳守，お客様の求める納品量の達成，お客様の要求との合致は，良い品質の製品やサービスを提供することに合致し，優先すべき必要な要件である．よって，正解（優先すべきでないもの）はエである．

問 15
品質優先の根拠には，プロダクトアウトという提供側の論理を優先するのではなく，良い品質の製品やサービスを提供するために，お客様から見た論理を優先するマーケットインという考え方がある．

誤解答である選択肢について，プロダクトアウトは，お客様の求める製品やサービスの品質よりも提供する側の論理を優先することである．後工程はお客様は，プロセス（工程）に対する考え方であり，品質改善は，製品やサービスの品質をより良くするための活動である．したがって，品質優先の考え方を明確に表現するものとして，品質第一あるいは品質至上という言い方をする．問題文に「品質至上」とあるので，その同義語は品質第一である．よって，正解はウである．

引用・参考文献

1) 品質管理検定運営委員会（2023）：品質管理検定（QC 検定）4 級の手引き，Ver.3.2，日本規格協会

小問ごとの解説
小問ごとに丁寧でわかりやすい解説を行っています．

第1章

品質管理とは

―組織における
良い製品づくり―

1. 品質とは

製品やサービスの品質とは，その製品やサービスが「何か」を満たしている程度のことをいう．その「何か」に当てはまるものとして，もっとも適切なものをひとつ選べ．

    ア．事業目的

    イ．販売目的

    ウ．使用目的

    エ．創造性

企業が，顧客の求める品質を実現するためには，顧客から何を聞くとよいか．もっとも適切なものをひとつ選べ．

    ア．その製品やサービスを販売している内容

    イ．その製品やサービスで創造している内容

    ウ．その製品やサービスに学んでいる内容

    エ．その製品やサービスに期待している内容

企業が，顧客の求める品質を実現するために，製品の場合には，何をよく調べる必要があるか．もっとも適切なものをひとつ選べ．

    ア．顧客の製品の使い方

イ．顧客の製品の学び方
ウ．顧客の製品の販売方法
エ．顧客の製品の創造方法

問4

「品質管理」とは，製造後から不適合品を取り除くのではなく，最初から良い製品やサービスを作るために，お客様に製品やサービスの提供および提供後の各段階（例えば，材料の仕入れ，製品の生産，販売）で何をすることか．もっとも適切なものをひとつ選べ．

ア．不適合品を適合品にするために，基準を見直し確実に実行
イ．適切な品質が保たれるための仕組みづくりの確実な実行
ウ．営利度外視で多くの資源を投入することの確実な実行
エ．数多くの検査を行い，検査で品質を良くすることを最重要に考えて不適合品を除くことの確実な実行

問5

顧客に提供する製品を分類するとき，一般にその対象となる形態には何があるか．もっとも適切なものをひとつ選べ．

ア．ハードウェア，ソフトウェア，素材，サービス，エネルギー，情報は対象である．
イ．ソフトウェア，素材，サービス，エネルギー，情報は対象であるが，ハードウェアは対象外である．
ウ．ハードウェア，素材，サービス，エネルギー，情報は対象であるが，ソフトウェアは対象外である．
エ．サービス，エネルギー，情報は対象であるが，ハードウェア，ソフトウェア，素材は対象外である．

4

問 6

製品やサービスを提供する「お客様」とは誰のことか．もっとも適切なものをひとつ選べ．

　ア．自社外の製品やサービスの受取り手
　イ．自社内の製品やサービスの受取り手
　ウ．社内外の製品やサービスの受取り手
　エ．国内の製品やサービスの受取り手

問 7

「広義の品質」として一般に言われる QCD＋PSME に関する記述として，誤っているものをひとつ選べ．

　ア．QCD＋PSME の「C」とは，チェック・評価（C）のことである．
　イ．QCD＋PSME の「S」とは，安全（S）のことである．
　ウ．QCD＋PSME の「M」とは，士気・やる気や人として守るべきことを守るという倫理・道徳（M）のことである．
　エ．QCD＋PSME の「E」とは，環境（E）のことである．

解説

　この問題は，品質とは何か，品質管理とは何かについて問うものである．

　品質の定義，品質管理の役割，顧客（お客様）は誰か，顧客が求める製品やサービスの品質を実現するための企業の行動などからなる 7 問で構成されている．

　本問では，品質および品質管理に対する基本的な考え方を理解しているかどうかがポイントである．

解答

問1 ウ　　**問2** エ　　**問3** ア　　**問4** イ　　**問5** ア
問6 ウ　　**問7** ア

問1

　製品やサービスの品質はそれを利用した顧客が感じた評価であるとしてとらえ，製品やサービスが顧客の何を満たしていなければならないかについて考える必要がある．製品やサービスの品質とは，通常，「製品やサービスが使用目的を満たしている程度（使用目的への適合性）」とされている．よって，正解はウである．

　誤解答である選択肢について，事業目的は，組織の事業の目的である．販売目的は，販売に対する目的であり，創造性は発想を生み出すことである．いずれも製品やサービスの品質には適さない．

問2

　企業が顧客の求める製品やサービスの品質を実現するために，企業は顧客から何を聞いたらよいかを考える．品質は，顧客の使用目的に適合していることが求められるので，企業が行うべきことは，顧客が製品やサービスに期待している内容を知ることが重要である．よって，正解はエである．

　誤解答である選択肢について，製品やサービスを販売している内容は，顧客にとって必ずしも製品やサービスの使い方や受取り方に関係しない．製品やサービスで創造している内容は，企業が期待の一部を発想するものであって，顧客の使用目的に一致しているとは限らない．また，製品やサービスに学んでいる内容は，顧客にとって製品やサービスから学びを得る必要のないものもあるので適切ではない．

問 3

　企業が顧客の製品に求める品質を実現するために，企業は何を調べるべきかを考える．企業が，製品やサービスに対する顧客の考え方を知ることは，品質が顧客の使用目的に適合していることを確認するために必要なことである．このことは製品やサービスのあるべき姿，ありたい姿を明確にすることにつながり，製品の使い方を知ることは顧客の求める品質の実現に結びつく．よって，正解はアである．

　誤解答である選択肢について，製品の学び方，製品の販売方法，製品の創造方法は，いずれも顧客の考える品質の実現にとって主たる要因にはならないので適切ではない．

問 4

　品質管理の活動では，最初から良いものが作られるように，材料の仕入れ，製品の生産，販売の各段階で，品質が一定に保たれる仕組みを作ること，すなわち，「工程で品質を作り込む」仕組みを構築することが求められる．したがって，適切な品質が保たれるための仕組み作りや取組みが，品質管理の取り組むべき行動である．よって，正解はイである．

　誤解答である選択肢について，不適合品を適合品にするための基準を見直すことは，お客様が望む品質ではないし，企業としてその場限りの対応となることもある．営利度外視で資源を投入することは，お客様の期待に沿わない価格の上昇，納期の遅れなどにつながるし，企業としても品質が安定しないことや短期的な利益を目指すことになる．また，数多くの検査を行い検査で品質を良くするために不適合品を取り除くことは，必ずしも各工程で検査を必要としていないし，検査費用も増加することになる．したがって，これらはいずれも適切ではない．

　なお，以前は不適合品を不良品と呼んでいたが，『QC 検定 4 級の手引き』の第 4 章（用語の解説）にあるように両者を使い分けるようになっている．

問5

製品とは何かについて考えると，顧客に提供される製品は，プロセスの結果であり，顧客に提供され価値を生み出すものである．したがって，『QC検定4級の手引き』の第4章（用語の解説）にあるように，製品には，ハードウェア，ソフトウェア，素材，サービス，エネルギー，情報など，さまざまな形態がある．よって，正解はアである．

問6

製品やサービスの品質を考えるとき，お客様は誰かということが重要である．企業にとって誰がお客様かを考え，そのお客様が求めている製品やサービスの要求や期待が確実に達成されたかどうかをチェックすることが必要である．

お客様には，組織が提供する製品やサービスの購入者だけの狭い意味だけでなく，消費者，エンドユーザー，依頼人，小売業者，潜在的なお客様などの広範な人々が含まれる．さらに，組織外部のお客様だけでなく，組織内部で自部門の後工程となる部門や人々もお客様と思って仕事をする考えから「後工程はお客様」と言われている．よって，広義で考えると，正解はウである．

問7

広義の品質QCD＋PSMEは，総合的な品質QCDに，PSMEを加えた広義の品質のことである．ここに，Qは品質(Quality)，Cはコスト(Cost)，Dは量・納期(Delivery)，Pは生産性(Productivity)，Sは安全(Safety)，Mは士気・やる気, 倫理・道徳(Morale, Moral)，Eは地球環境保全(Environment)である．

本問は，選択肢の中から誤っているものを選ぶ問題である．よって，正解はアである．

引用・参考文献

1) 品質管理検定運営委員会(2023)：品質管理検定（QC検定）4級の手引き，Ver.3.2，日本規格協会

2. 品質管理とは（1）

改善活動では,「3ム（さんむ)」にあたる事項を見つけ出し,それらの除去を追求することが重要である.

⑲ **8**

「効率的・効果的な手順書に基づいたやり方をしたところ, 働く人の疲れや注意不足が出たりして品質に問題を起こす」事態となった. これは,「3ム」のうちの何があったからか. もっとも適切なものをひとつ選べ.

　　ア. ムダ
　　イ. ムリ
　　ウ. ムラ

⑲ **9**

「管理状態が不安定な工程において, 納期から逆算して用意周到に段取りしたにもかかわらず, 品質にふぞろいやばらつきが多い結果となる」事態となった. これは,「3ム」のうちの何があったからか. もっとも適切なものをひとつ選べ.

　　ア. ムダ
　　イ. ムリ
　　ウ. ムラ

解説

この問題は，品質管理で行う改善活動の改善の着眼点である3ム（ムリ・ムラ・ムダ）について問うものである．

改善活動では，要求される製品やサービスの品質を確保するために仕事のやり方はどうあるべきかを考えることが重要である．そこで，仕事の進め方や日程に「ムリ」はないか，働く人の仕事のやり方に「ムラ」はないか，品質の悪い製品の手直しや廃棄による「ムダ」はないかを考えることは改善の着眼点となる．このことは，ムリは作業の進め方に問題があること，ムラのある仕事は品質のばらつきを生み出し，ムダの多い仕事は手直しや破棄する製品を生じることと考えれば理解しやすい．

本問では，3ムについて理解することによって，三現主義や5ゲン主義，5Sなどとともに改善活動のヒントを考えることができるかがポイントである．

解答

問8 イ　　問9 ウ

問8

仕事のやり方が効率的かつ効果的な手順書に基づいているにもかかわらず，働く人の疲れや注意不足が出て品質に問題を起こす事態について，3ムの立場からみるとどのような状態かを考える．

誤解答である選択肢について，問題文にある「効率的・効果的な手順書に基づく」を考えると，ムリ・ムラ・ムダは効率的でも効果的でもないが，「働く人の疲れや注意不足が出たりして」はムリがあることになる．よって，正解はイである．

問 9

問 8 と同様に 3 ムに関する問題であり，問題文で説明される状況が 3 ムのどれに相当するかを考える．

誤解答である選択肢について，問題文の「納期から逆算して用意周到に段取りしたにもかかわらず，品質にふぞろいやばらつきが多い結果となる」事態を考えると，ムダは不ぞろいやばらつきを生み出す要因ではない．ムリは，問題文に「用意周到な段取り」とあるのでムリな状態は排除される．よって，管理状態が不安定な工程であることを考えると，正解はウである．

引用・参考文献

1) 品質管理検定運営委員会(2023)：品質管理検定（QC 検定）4 級の手引き，Ver.3.2，日本規格協会

3. 品質管理とは（2）

㊙ **10**

製品のライフサイクルにわたって，使用者を含むすべての関係者の安全を保障する活動が大切である．このことを何というか．もっとも適切なものをひとつ選べ．

　ア．ヒヤリ・ハット
　イ．危険防止
　ウ．地球環境保全
　エ．製品安全

㊙ **11**

組織は，働く人の健康を維持し，人間としての尊厳を大切に考えなければならない．働く人の安全や健康維持に関することを何というか．もっとも適切なものをひとつ選べ．

　ア．ヒヤリ・ハット
　イ．品質第一
　ウ．労働安全衛生
　エ．管理活動

解説

　この問題は，総合的な品質QCDに加えて重要な品質管理の要素である働く人々の安全（S：Safety）について問うものである．

　安全（S）には，働く人々の安全を確保する活動と製品のライフサイクル（製品の購入から使用・廃棄までの期間）に関連する活動の二つの側面がある．前者の人々の安全を想定している場合は労働安全衛生といい，後者の製品のライフルサイクルにわたって使用者を含むすべての関係者の安全を保証する場合は製品安全という．

　労働安全衛生については，『QC検定4級の手引き』の3.7（安全衛生の活動）において，作業の安全や工場の中の安全確保，作業環境の問題除去などをはじめ，職場で人々が安全に過ごすための取組みについて説明されている．労働安全衛生の活動は，安全第一という考えのもとで職場での活動を徹底して，労働災害の防止活動が行われている．

　本問では，広義の品質としての安全（S），および労働安全衛生の活動，製品ライフサイクルにわたっての製品安全について理解しているかどうかがポイントである．

解答

　🈡10　エ　　🈡11　ウ

🈡10

　製品のライフサイクルにわたっての製品安全について考える．

　誤解答である選択肢について，ヒヤリ・ハット，危険防止，地球環境保全は，問題文にある「使用者を含むすべての関係者の安全を保障」を意味する用語ではない．ヒヤリ・ハットは，ヒヤリとした，ハットしたということであって，実際に災害にはならなかったが危険な状態や行動があったことを意味して

いる．危険防止は，危険な状態や行動をなくすことであって KY 活動（危険予知活動）などの危険防止活動が行われる．地球環境保全は，地球環境を保護して安全にすることである．近年では，地球環境保全のために，製品やサービスの提供などにおいても環境に与える影響について対応することが求められている．よって，正解はエである．

問11

問10 が製品安全に関する問題であるのに対して，本問では，働く人々の安全や健康について考える．

誤解答である選択肢について，ヒヤリ・ハットは，問10 で解説したように，作業を行ううえでヒヤリとかハットしたことを通じて作業の安全性を考えることであり，品質第一は，品質管理を全組織で推進していくために関係する人々の考え方や目指す方向を示すものである．管理活動は，組織として良い状態を維持し続けるとともに，目的に合致したばらつきのない製品やサービスを安定・継続して生み出していくための活動であって，管理のサイクルを回しながら継続的な活動が行われる（詳細は大問5を参照のこと）．したがって，問題文の「組織は，働く人の健康を維持し，人間としての尊厳を大切に考えなければならない」は労働安全衛生のことである．よって，正解はウである．

引用・参考文献

1) 品質管理検定運営委員会(2023)：品質管理検定（QC 検定）4 級の手引き，Ver.3.2,
日本規格協会

4. 品質優先の考え方

　組織をあげて品質管理を推進する場合には，<u>基本的な考え方 (A)</u> を定める．
関係する人々の考え方や目指す方向が一致していると，全社で品質管理を推進
しやすくなる．

　お客様にとっては，製品を使用するために<u>かかるコストを低くすること (B)</u>
などは大切であるが，期待を裏切るような製品やサービスを提供することはも
っとも避けるべき事項である．<u>市場での占有率の拡大 (C)</u> などよりも，良い
品質の製品やサービスを提供することを優先する考え方を明確に表すものとし
て，<u>品質至上 (D)</u> という考え方がある．

⑫ 12

　下線部（A）を明文化したものとして，もっとも適切なものをひとつ選べ．

　　ア．品質方針
　　イ．チェックシート
　　ウ．国家規格
　　エ．作業マニュアル

⑬ 13

　下線部（B）のほかに，お客様にとって大切なことの例として，もっとも適
切なものをひとつ選べ．

　　ア．人員の適正化
　　イ．製造の効率化
　　ウ．納期の厳守

エ．機械・設備の刷新

問14

下線部（C）のほかに，良い品質の製品やサービスの提供より優先すべきでない例として，もっとも適切なものをひとつ選べ．

ア．納期厳守
イ．お客様の求める納品量の達成
ウ．お客様の要求との合致
エ．短期的な利益

問15

下線部（D）の別の言い方として，もっとも適切なものをひとつ選べ．

ア．プロダクトアウト
イ．後工程はお客様
ウ．品質第一
エ．品質改善

解説

この問題は，品質管理を進めるうえで関係する人々の考え方や目指す方向の価値観を組織として一致させるために，製品やサービスの品質に対する組織としての方向付けを定めた品質方針や品質優先の考え方を問うものである．

品質を優先するという考え方は，品質管理を進めるうえで重要である．

本問では，この品質優先を絡めて，関係する人々の考え方や目指す方向の価値観を組織として一致させるために，製品やサービスの品質に対する組織とし

16

ての方向付けを定めた品質方針，および品質優先の考え方を明確に表現する品質第一あるいは品質至上について理解しているかどうかがポイントである．

解答

🈁 **12** ア 🈁 **13** ウ 🈁 **14** エ 🈁 **15** ウ

🈁 12

品質を優先するためには，製品やサービスの品質に対する組織の方向付けを品質方針として定めることが重要である．ここに，品質方針は，品質に関する組織の全体的な意図および方向付けを，トップ自らが正式に表明したものである．

誤解答である選択肢について，チェックシートは QC 七つ道具の一つである．国家規格は国が定める規格であり，作業マニュアルは作業手順が示されているものである．したがって，問題文の「品質管理を推進する場合の基本的な考え方」を明文化したものは品質方針である．よって，正解はアである．

🈁 13

企業がお客様に提供する製品やサービスの品質は何かを考えるとき，お客様にとって大切なことは何かについて組織が考えるべきことは，お客様の期待に合致するような品質の製品やサービスを提供することである．

誤解答である選択肢について，人員の適正化，製造の効率化，機械・設備の更新は，良い品質の製品やサービスを提供するために組織にとって重要な事項ではあるが，お客様の直接的な利益にはならない．よって，正解はウである．

納期は，総合的な品質である QCD の一つであって，納期が遅れることは，お客様の機会損失を生じさせ，組織にとってもお客様からの信頼を損なうことになる．

問 14

本問は，組織がお客様に良い品質の製品やサービスを提供することより優先すべきでないものは何かについて問うものである.

品質優先において，「短期的な利益追求や売上げ拡大よりも，良い品質の製品やサービスを提供することを優先する」ことを考えれば，納期厳守，お客様の求める納品量の達成，お客様の要求との合致は，良い品質の製品やサービスを提供することに合致し，優先すべき必要な要件である. よって，正解（優先すべきでないもの）はエである.

問 15

品質優先の根底には，プロダクトアウトという提供側の論理を優先するのではなく，組織が良い品質の製品やサービスを提供するために，お客様から見た論理を優先するマーケットインという考え方がある.

誤解答である選択肢について，プロダクトアウトは，お客様の求める製品やサービスの品質よりも提供する側の論理を優先することである. 後工程はお客様は，プロセス（工程）に対する考え方である. 品質改善は，製品やサービスの品質をより良くするための活動である. したがって，品質優先の考え方を明確に表現するものとして，品質第一あるいは品質至上という言い方をする. 問題文に「品質至上」とあるので，その同義語は品質第一である. よって，正解はウである.

引用・参考文献

1) 品質管理検定運営委員会(2023)：品質管理検定（QC 検定）4 級の手引き，Ver.3.2，日本規格協会

5. 管理活動 (維持活動と改善活動)

⟮問⟯ **16**

　品質管理において良い仕事とは，作業標準や作業マニュアルに従って作業を行うことによって，どのような製品やサービスの提供を実現することか．もっとも適切なものをひとつ選べ．

　　ア．費用対効果を度外視した製品やサービス

　　イ．ばらつきのない製品やサービス

　　ウ．不ぞろいな製品やサービス

　　エ．お客様の要求を独自解釈した製品やサービス

⟮問⟯ **17**

　問 16 の活動では，実施する作業者に正しい作業とは何かを知らせ，守ってもらうことが必要となる．この活動を表すものとして，もっとも適切なものをひとつ選べ．

　　ア．改善活動

　　イ．維持活動

　　ウ．管理活動

　　エ．評価点検

⟮問⟯ **18**

　製品やサービスの品質を向上させたり，コストを削減することなどを目標に，仕事のやり方を変えたり，問題点を見つけて現状を良くすることを品質管理では何というか．もっとも適切なものをひとつ選べ．

ア．改善活動

イ．維持活動

ウ．管理活動

エ．評価点検

問 **19**

　仕事を効果的かつ効率よく進めるために重要な維持活動および改善活動を総称して何というか．もっとも適切なものをひとつ選べ．

ア．定期点検活動

イ．レビュー活動

ウ．管理活動

エ．評価活動

解説

　この問題は，品質管理で行う管理活動について問うものである．

　改善と維持の違いをはっきりと理解してもらいたい．維持は，現在のやり方で目標を満たすので，そのやり方や方法，また管理方法などをしっかり定めてそれで運用していく活動であり，SDCA を回すことが基本となる．最初の S は標準化（Standardize）であり，決めるべきことをしっかり決めて，それを実行していく活動である．その結果が思わしくない場合には応急対策をとり，また，次のために標準の内容を変更して定めるという SDCA を回すことで，結果が期待されるレベルで維持される．

　一方，改善は，現状よりも一つ（あるいはもっと）上をねらう活動である．そのためには，それまでのやり方と違う新しいやり方も取り入れる必要がある．その新しいやり方を考えて設定することから，PDCA を回すと言われる．

最初のPは計画（Plan）である．これがうまくいったら，そのレベルを維持するためにSDCAの活動に移り，足元をしっかり固め，次の改善（PDCA）の活動へと進んでいく．

このように管理活動には，日常的な活動において，作業標準や作業マニュアルなどに従って良い状態を維持し続ける活動と，現状の作業の問題点を見つけ出し，より良い作業の状態を生み出す活動がある．品質管理では，前者を維持活動，後者を改善活動と呼んでいる．

本問では，管理活動および維持活動，改善活動の内容について理解しているかどうかがポイントである．

解答

問16　イ　　**問17　イ**　　**問18　ア**　　**問19　ウ**

問16

良い仕事とは何かを考えると，目的に合致したばらつきのない製品やサービスを安定・継続して生み出していくことである．よって，正解はイである．

問17

問16と関連して，目的に合致したばらつきのない製品やサービスを安定・継続して生み出していくために，実施する作業者に正しい作業とは何かを知らせ，守ってもらう活動が必要であり，これが維持の活動である．よって，正解はイである．

問18

品質の向上，コスト削減などを目標に，仕事のやり方を変えて良くしていく活動は，改善活動である．よって，正解はアである．

問 19

　品質管理の活動として重要な維持活動と改善活動の二つを合わせた呼び方は
管理活動である．よって，正解はウである．

6. 改善とQCストーリー

図1は『QC検定4級の手引き』に掲載されているステップ①～ステップ⑧の8つのステップで構成される問題解決手順である．次の場面は，あるQCサークルが業務の効率化をテーマに，「技術仕様書の作成」について，図1のQCストーリーに基づいて職場の改善に取り組んだ内容を示している．なお，各場面はそれぞれ，ステップ①～ステップ⑧のいずれかひとつに該当するものとする．

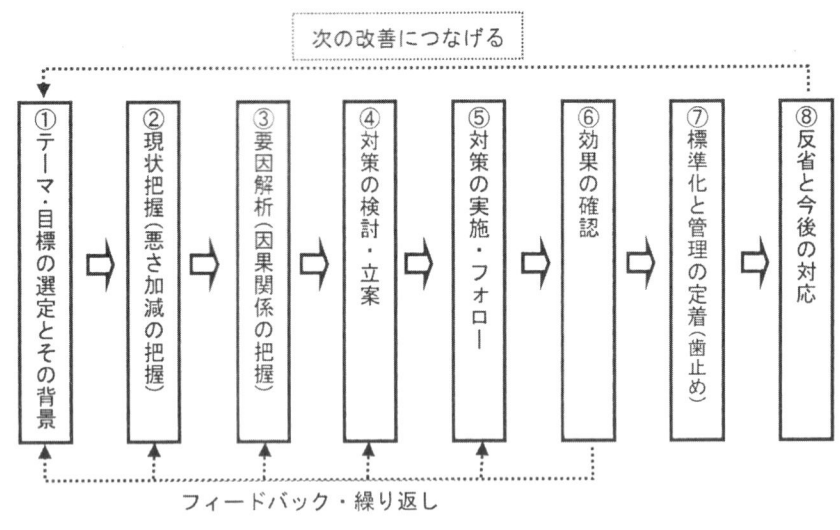

図1．問題解決型QCストーリー

【場面】

  A. 「技術仕様書の作成作業時間を2か月以内に短縮する」を目標に取り組むこととした．

  B. 新しい人員配置に従って担当が替わった職員に対して教育を行い，実際

に仕事を行ってみた.

C. 人員体制について,「参考資料収集・整理」はこれまで3人で作業していたところを, 無駄を省く視点で作業手順を見直し, 2人で行うことにした.「参考資料収集・整理」にあたっていた要員3名のうち1名は「原稿作成」を担当することに決めた.

D. 特に時間のかかっていた「原稿作成」について, 作業員1人分の作業が以前より多くできるようになったため, 一定期間に作成できる原稿が増えたことにより仕事の滞りは解消できたが, 一方,「参考資料収集・整理」の作業時間が以前より増え, 最終的に1件あたりの平均作業時間は2.5か月になったことが確認できた.

E. 依頼を受けてから完成版を納めるまでに実際にかかっている時間を調べたところ, 1件あたりに3.2か月かかっていることがわかった.

F. 今回は作業時間の短縮には成功したが, 目標達成までには至らなかった. 皆で話し合い, ほかの作業についても計画を立ててきめ細かく見直しを行い, 効率化を進めることにより, 継続的に目標達成を目指すことにした.

G. 担当者が替わっても効率的に作業ができるように, 今回工夫した「参考資料収集・整理」と「原稿作成」の仕事のやり方を業務マニュアルに反映し修正を行った.

H. 作業を細かく見てみると, 技術仕様書作成のための「参考資料収集・整理」と「原稿作成」に人員を多く割いていて, このうち特に「原稿作成」に時間がかかって仕事が滞っていることがわかった.

㊲20

ステップ①に関連する取組み内容について, もっとも適切なものをひとつ選べ.

ア. A

24

イ．B

ウ．C

エ．H

ステップ②に関連する取組み内容について，もっとも適切なものをひとつ選べ．

ア．A

イ．D

ウ．E

エ．H

㉒ **22**

ステップ③に関連する取組み内容について，もっとも適切なものをひとつ選べ．

ア．B

イ．E

ウ．F

エ．H

㉓ **23**

ステップ④に関連する取組み内容について，もっとも適切なものをひとつ選べ．

ア．A

イ．C

ウ．E

エ．G

㊟ **24**

ステップ⑤に関連する取組み内容について，もっとも適切なものをひとつ選べ．

ア．A

イ．B

ウ．E

エ．F

㊟ **25**

ステップ⑥に関連する取組み内容について，もっとも適切なものをひとつ選べ．

ア．A

イ．D

ウ．E

エ．F

㊟ **26**

ステップ⑦に関連する取組み内容について，もっとも適切なものをひとつ選べ．

ア．A

イ．B

ウ．E

エ. G

問27

ステップ⑧に関連する取組み内容について，もっとも適切なものをひとつ選
べ．

　　ア. B
　　イ. E
　　ウ. F
　　エ. H

解説

　この問題は，問題解決の活動手順を示す問題解決型 QC ストーリーの手順に
ついて，各場面がこの一連の手順のどこに該当するかを問うものである．

　改善活動は，大問 5 の解説で示したように，現在の品質をより良くしたり，
原価を下げたりするために，仕事の間違いを減らしたり，後工程の人たちの
仕事をやりやすくしたりなど，仕事のやり方を変える活動である．この活動に
は，問題解決の活動だけでなく，ありたい姿とのギャップを解消していく課題
達成の活動もある．

　本問では，問題解決型 QC ストーリーにおける各ステップの実施内容につい
て理解しているかどうかがポイントである．

解答

| 問20 ア | 問21 ウ | 問22 エ | 問23 イ |
| 問24 イ | 問25 イ | 問26 エ | 問27 ウ |

問 20

　テーマが決まったところで，改善の目標を決めるステップである．原因や対策を考える前であるが，そのテーマに対してどのくらい改善するのかを決める．悪いものの場合，例えば不適合品を0にする，あるいは半減，3割減などであり，良いものをもっと良くするというテーマであれば，50％増や倍などの表現もよく使われる．

　したがって，①の改善目標の設定の手順に該当する場面を考えると，場面Aには「〜を目標に取り組むこととした」とある．よって，正解はアである．なお，改善のテーマは「技術仕様書の作成時間の短縮」である．

問 21

　いよいよここからが具体的な改善のステップになる．テーマについてはある程度のことはわかっているはずであるが，ここでは改めて実際の状況を調べて確かめる．特にデータで現状をつかむことが大切である．現場，現物，現実の三現主義の考え方，また，層別する要因があるかどうか，時間によって状況が異なることがあれば，それが区別できるようなデータの収集が重要である．ここでは，QC七つ道具のチェックシートを活用して，計画したデータが確実に取れるように工夫する．また，現状をしっかり観察して，気づいたことをメモして残しておくことは，この後の解析，検討に役立つ．ここでのキーワードは「事実をデータでつかむ」である．

　したがって，②の現状の把握の手順に該当する場面を考えると，場面Eでは実際にかかっている時間を調べている．よって，正解はウである．

問 22

　問題の原因をつかむステップである．原因はわかっているようで案外わかっていないもの．QC七つ道具の特性要因図や新QC七つ道具の連関図（3級で出題対象）などを描きながら，広い視野で原因の候補を探したり，データをグラフにしたり，層別して違いを見つけたり，さまざまな手法が活躍するのがこ

のステップである．データがあれば，原因と結果の関係を QC 七つ道具の散布図を描くことで知ることもできる．ここでのキーワードは「真の原因」，「原因と結果の関係（因果関係）」である．

したがって，③の要因の解析の手順に該当する場面を考えると，場面 H では，作成に多くの時間がかかっている作業を調べて特定している．よって，正解はエである．

🈡 23

原因がわかったところで対策案を検討し，最善と考えられる対策を決定するステップである．原因が一つであったとしても，対策はいろいろある．さまざまな角度から，対策を考える．それぞれの対策について，効果の度合い，実施の難易度などいろいろな面からの評価を行い，実施する対策を選ぶ．対策は一つとは限らない．

対策を考えるときに，新 QC 七つ道具の系統図（3 級で出題対象）を使ったり，さまざまな観点からの対策の評価を新 QC 七つ道具のマトリックス図で表すことも多い．

したがって，④の対策の立案の手順に該当する場面を考えると，場面 C では，作業人員について役割配置の変更を決めている．よって，正解はイである．

🈡 24

対策の実施にあたり，実施の計画，準備，関係者に理解してもらうためにも根回しなどを行い，実行する．このとき実施した結果については，注意して確認する．特に，悪影響があったときには，緊急的に実施を中止したり，対応策を実施したりすることも大切である．実施効果が，確実に確認できるだけの期間を計画して実施する．この時期に，実施しながら気づいたことを記録しておくことも，本格的な実施のために役に立つ．

したがって，⑤の対策の実施の手順に該当する場面を考えると，場面 B では新しい人員配置について，教育を行い，作業を行っている．よって，正解は

イである.

問 25

　対策の結果を確認するステップである．良い結果だけでなく，うまくいっていないというデータも集める．結果だけでなく実施のプロセス，経過についてもデータを集める．

　また，効果のばらつきにも注目する．日によって，機械によって，人によってなど効果が違う場合に，それを層別して解析できるようなデータも大切である．

　対策を実施したからといって，必ず効果が上がるとは限らない．対策の実施にあたり，もたつきや不徹底や誤りがあったかもしれない．また，対策そのものが効果のないものであったかもしれない．原因と見極めたものが真の原因でなかったかもしれない．このようなときには元のステップに戻って，繰り返し実施することが大切であり，場合によっては，現状の把握，さらにはテーマの選定まで戻ることもある．

　効果は，対策実施前と比べてどうなのかを示せるとよい．そのためには，現状の把握のステップ②で，どれだけ現状を示すデータが取れていたかが重要である．

　効果は，不適合品数や不適合品率が下がったという数値データに加え，グラフも活用してまとめるとよい．対策前と対策後のパレート図を並べることもよく行われる．定めた目標を達成したかどうかも重要であるが，達成しなかったとしても，どれだけ良くなったかを示す．

　したがって，⑥の効果の確認の手順に該当する場面を考えると，場面Dでは，実際に作業時間が短縮されたことを確認している．よって，正解はイである．

問 26

　効果のあった対策を，本格的に実施するステップである．効果の確認の結果

を示して，実施する内容について，作業標準など承認を得て標準化する．この対策が，その後も確実に実行されること，効果が継続することを確認するためのフォローを計画する．最初は，短い周期で状況を確認するのがよい．定着が十分と判断された場合には，管理を効率化する．

したがって，⑦の標準化と管理の定着（歯止め）の手順に該当する場面を考えると，場面Gでは，効果のあったやり方をどの作業者でもできるように業務マニュアルを修正した．よって，正解はエある．

問27

これまでの活動を振り返りまとめるステップである．各ステップでのやり方などを振り返る．反省とあるが，良い点も忘れずにまとめておく．チームワーク，手法の使い方，技術的な知識，技術の向上，ものの考え方など，活動をとおして得たものが，たくさんあるはずである．

改善活動は，これで終了ではなく，次のテーマに再びチャレンジしていく．今後に向けて，その方向をメンバーで意識合わせをする（次回は，データの処理が含まれる取組みをしたい，あるいは，次回に向けて，○○の勉強をしてみようなどもよい）．

したがって，⑧の反省と今後の対応の手順に該当する場面を考えると，場面Fでは，作業時間は短縮できたものの，目標までは届かなかったこと，これからの活動の方向を決めている．よって，正解はウある．

なお，このような改善のステップやQCストーリーは，いくつかの種類が使われており，ステップ数や表現が異なるものがある．改善に重点を置いたものや，標準化や次の活動へのつながりを重視したものなどがあるので，問題をよく読んで解答するとよい．

7. 仕事の進め方

　Yさんは，健康診断の結果から肥満の傾向があり，健康維持と疾病予防のためには適切な栄養管理と運動が有効であることを教わった．そこで，簡単にできる運動から始めることにした．Yさんが運動管理のサイクルを回したときの各ステップ（順不同）は次のとおりである．なお，各ステップはそれぞれ，S（Standardize：標準化），P（Plan：計画），D（Do：実施），C（Check：点検・確認），A（Act：処置）のいずれかひとつに該当するものとする．

① 最初の1か月は，週2日，朝の通勤時に電車の駅を一駅手前で下車して30分ウォーキングをして，運動量を計るために，歩数計を使って，毎日記録を取った．

② 歩数は目標を達し効果も確認できたが，さらに効果を上げるために，ウォーキングを週2日から3日に増やすことにした．また，ウォーキングのほかにも，家事の合間などに簡単にできるエクササイズを取り入れることにした．体力の向上を確認しながら，1か月後には，週1日のジョギングを始めることにした．

③ Yさんがウォーキングを始めて6か月後に体重の記録を見たところ，以前より体重が3kg減少していた．また，体力も向上していることを実感している．そこで，継続して無理なく実施できるように一日一日の運動内容を決めた．

④ Yさんは，最初の1か月間での体重の変化やカロリーの消費量などのデータにより，運動の効果があったことを確認した．

⑤ Yさんは，普段から運動の習慣がないため，まずはウォーキングから始めることに決めて，慣れてきたら徐々に運動量を増やしていき，体力をつけて数か月後にジョギングができるように方針を立てた．

㊂ **28**

①にあてはまる運動管理のサイクルとして，もっとも適切なものをひとつ選べ．

　　ア．P（Plan：計画）

　　イ．D（Do：実施）

　　ウ．C（Check：点検・確認）

　　エ．A（Act：処置）

　　オ．S（Standardize：標準化）

㊂ **29**

②にあてはまる運動管理のサイクルとして，もっとも適切なものをひとつ選べ．

　　ア．P（Plan：計画）

　　イ．D（Do：実施）

　　ウ．C（Check：点検・確認）

　　エ．A（Act：処置）

　　オ．S（Standardize：標準化）

㊂ **30**

③にあてはまる運動管理のサイクルとして，もっとも適切なものをひとつ選べ．

　　ア．P（Plan：計画）

　　イ．D（Do：実施）

　　ウ．C（Check：点検・確認）

　　エ．A（Act：処置）

オ．S（Standardize：標準化）

④にあてはまる運動管理のサイクルとして，もっとも適切なものをひとつ選べ．

　　ア．P（Plan：計画）
　　イ．D（Do：実施）
　　ウ．C（Check：点検・確認）
　　エ．A（Act：処置）
　　オ．S（Standardize：標準化）

解説

　この問題は，普段の仕事を進める中で，品質管理の考え方をどう役立てていくかを問うものである．

　組織に与えられた目的を確実に達成していくためには，その手段である仕事を PDCA のサイクルで進めていくことが大切である．PDCA のサイクルは管理のサイクルともいい，あらゆる分野で共通する仕事の進め方の基本となっている．また，過去の経験が十分にあったり，技術が確立されている場合は，P（計画）にかえて，既に明確になっている良い方法を標準化（S）し，「S→D→C→A」として管理のサイクルを回すことがある．これを SDCA のサイクルという．

　本問では，PDCA のサイクルおよび SDCA のサイクルを回すという品質管理の考え方の中での，それぞれの内容・意味について理解しているかどうかがポイントである．

34

解答

問28 イ　　**問29** エ　　**問30** オ　　**問31** ウ

問28

　ステップ①では，歩数計で毎日の記録を取っていることが述べられている．したがって，健康のために，歩くことを計画し，計画どおりに実行し，それを記録することを実施していることがわかる．これはPDCAのサイクルのD（Do：実施）に該当する．よって，正解はイである．

問29

　ステップ②では，さらに効果を上げるために，ウォーキングの回数を増やし，エクササイズも追加している．これはPDCAのサイクルのA（Act：処置）に該当する．よって，正解はエである．

問30

　ステップ③では，効果が確認されて，これを維持するために，良い方法に対して決めるべきことを決めている．これはSDCAのサイクルのS（Standardize：標準化）に該当する．よって，正解はオである．

　この問いはS（Standardize：標準化）が正解であるが，PDCAのサイクルのP（Plan：計画）とも考えられる．このPとSの使い分けは，PDCAのサイクルのPは，これまで実施していなかったことを計画して，結果を変えるという改善のための新しい計画，一方，SDCAのサイクルでのSは，その良い状態を維持するための標準化である．

問31

　ステップ④では，実施した結果の効果をデータで確認している．これはPDCAのサイクルのC（Check：点検・確認）に該当する．よって，正解はウ

である.

8. 重点指向の考え方 (1)

㊦ **32**

次の文章において,「重点指向」に該当する記述として,もっとも適切な組合せをひとつ選べ.

① 製造現場で問題が多発しているが,要因の解析をせず,とりあえず解決しやすいものから対応する.

② 多発している不具合の中で,結果への影響が大きい要因に高い優先順位をつけて,問題解決に取り組む対象を決定した.

③ 問題解決において,たくさんある要因の中でも,経験的に少数の要因が全体の結果の大部分を占めることが多いので,その要因を見つけて解決に取り組むことが重要である.

ア. ①と②が該当する.

イ. ①と③が該当する.

ウ. ②と③が該当する.

エ. ①と②と③すべてが該当する.

㊦ **33**

重点指向の考え方を実践するための手法として,もっとも適切なものをひとつ選べ.

ア. ヒストグラム

イ. チェックシート

ウ. パレート図

エ. 管理図

解説

この問題は，品質管理を実施するうえでの基本とする考え方のうち，重点指向について問うものである．

品質管理は，データを取って，各種手法を用いて結論を得るというだけでなく，基本となる考え方が重要である．品質第一，後工程はお客様と考える，原因と結果の関係をつかみ原因に手を打つなどの考え方がたくさんあるが，重点指向も特に重要な考え方である．人間は，対策に取り組むときに，これは少し難しい，取組みは大変だとして，簡単なもの，すぐに結果の出そうなものに飛びつきがちであるが，重点指向は大変でも複雑であっても，重要なものに立ち向かうことを基本としている．

このように重点指向とは，例えば問題解決において，解決が困難でも，結果への影響が高い要因などに優先順位を与えて，優先順位の高いものから取り上げてその解決に重点的に取り組んでいく，すなわち，重要なものに焦点を絞って活動していく考え方をいう．これにより，とりあえずできることから改善していくよりも，組織全体として，より効果的かつ効率的に取組みができるとされている．

本問では，重点指向の考え方に基づく行動，および重点指向をするときによく用いる手法について理解しているかどうかがポイントである．

解答

問32 ウ　　**問33** ウ

問32

3つの行為が示されているので，それぞれ重点指向に合致した行為であるかを判断する．

行為①は，「とりあえず解決しやすいものから対応する」とあり，これは重

点指向の考え方に合致していない.

行為②は,「結果への影響が大きい要因に高い優先順位をつけて, 問題解決に取り組む」とあり, 重点指向の考え方に合致している.

行為③は,「少数の要因が全体の結果の大部分を占めることが多いので, その要因を見つけて解決に取り組む」とあり, これも重点指向の考え方に合致している.

これより, 重点指向に合致した行為は, 行為②と行為③であり, よって, 正解はウである

🔵問33

重点指向の考え方に基づく活動に用いられる手法を選ぶ問題である. このうち, パレート図は, 問題の件数の大きさや, 損失金額の多い順に並べて, 全体に占める比率を示すものであり, もっとも題意に適している. よって, 正解はウである.

誤解答である選択肢について, ヒストグラムも層別してみると, 特定の機械や原材料の種類がピックアップされることもあり, これも重点指向につながるが, パレート図ほどストレートではない. チェックシートも, これを使って集めたデータをもとに, 重点指向することもあるが, パレート図ほど, 重点指向に特化したものではない. 管理図は, その目的が工程の管理, 異常の発見であるので, 正解ではない.

9. 重点指向の考え方 (2)

㊿ 34

　品質管理では，たくさんある問題解決のテーマから，優先的に取り組むものを選ぶ際，たとえ解決が困難と思えるものであっても，重要なものを取り上げてその解決に取り組んでいく．この考え方を何というか．もっとも適切なものをひとつ選べ．

　　ア．プロセス重視
　　イ．重点指向
　　ウ．三現主義
　　エ．品質至上

解説

　この問題は，例えば，ある目標を達成するにあたって，それを妨げる多くの問題があげられた場合，すべてに手を打つことができれば理想的であるが，実際の企業内活動では，限られた時間と資源を効率よく分配して解決していく必要がある．そのときに，着手しやすいものから場当たり的に始めたのでは，目に見える効果が出ないうちに時間切れとなる可能性も否めない．そうなってしまうことを防ぐため，重要な問題や課題に焦点を絞って活動していくためにはどのような考え方が必要なのかを問うものである．

　本問では，上記の場面のように，より重要なものに重点を絞って活動していく考え方について理解しているかどうかがポイントである．

解答

問 34　イ

問 34

　「プロセス重視」は，結果だけを見て結論を出すのではなく，そこに至るまでの工程を重視しようという意味であり，重要度による優先順位付けとはまた別の意味をもつ，基本的なものの考え方である．「三現主義」は，問題解決や改善活動などにおいて，現場，現物，現実から得られる実際の情報をもとに物事を考えようという，行動の基本原理を示している．「品質至上」は，品質管理を行ううえでの根本的な価値観を示すものであり，経営方針などとして提示されることも多い上位の概念である．

　したがって，取り組むべき問題解決のテーマを決定するにあたり，解決が困難であっても重要なものから取り組もうという考え方は「重点指向」である．よって，正解はイである．

　なお，結果に対して大きな影響を与えているのは，多数ある要因のうち，特にどの要因なのか，また全体に対してどの程度の割合で影響を与えているのか，などを判断するのに欠かせないパレート図とともに説明されることも多い（パレート図についての詳細な説明は，『QC 検定 4 級の手引き』第 2 章の QC 七つ道具を参照のこと）．結果の 8 割は，複数ある要因のうちの 2 割から生じているという経験則を，発見した経済学者の名前を取ってパレートの法則という．もともとは欧州の所得統計から導き出されたものであるが，「少数の要素が全体に対して大きな影響力を持つ」基本法則は，世の中のあらゆる場面で利用することができる．パレート図を描くことによって見つけ出された「大方の結果を支配する少数の問題」に対して優先的に手を打つことで，重点指向の考え方を実践できる．

引用・参考文献

1) 品質管理検定運営委員会(2023)：品質管理検定（QC 検定）4 級の手引き，Ver.3.2, p.13，日本規格協会

10. 標準化とは

⑩ **35**

標準化に関して，課せられた業務を効率よく遂行するために，統一化された
ルールのことを何というか．もっとも適切なものをひとつ選べ．

　　ア．法律
　　イ．管理
　　ウ．標準
　　エ．制定

⑩ **36**

標準は適用される範囲によって分類される．組織内の関係者の同意のもと
に，単純化が図られるような最適な仕事の仕方と管理の基準のことを何という
か．もっとも適切なものをひとつ選べ．

　　ア．地域標準
　　イ．社内標準
　　ウ．団体標準
　　エ．国家標準

⑩ **37**

作業標準のような最適な仕事の仕方と管理の基準を設定することによって期
待できることは何か．もっとも適切なものをひとつ選べ．

　　ア．品質の安定

イ．能率低下

ウ．従業員の満足

エ．品質の革新

㊟ 38

国レベルの標準のひとつに日本産業規格がある．この規格は何に基づいて制定されるか．もっとも適切なものをひとつ選べ．

ア．JAS 法

イ．家庭用品品質表示法

ウ．産業標準化法

エ．工業組合法

㊟ 39

日本の国家規格である日本産業規格は，略して何と呼ばれるか．もっとも適切なものをひとつ選べ．

ア．JAS

イ．JET

ウ．JIS

エ．JUS

㊟ 40

国際標準化組織または国際規格組織によって採択され，公開されている規格を何というか．もっとも適切なものをひとつ選べ．

ア．地域規格

イ．国際規格

ウ．団体規格

エ．認証規格

⑱ 41

国際規格の例として，もっとも適切な組合せをひとつ選べ．

ア．ISO，IEC

イ．DIN，BS

ウ．CEN，CENELEC

エ．SG，PL

解説

　この問題は，標準化の目的と種類などに関する知識を問うものである．

　標準化とは，効果的・効率的な組織運営を目的として，共通に，かつ繰り返して使用するための取決めを定めて活用する活動であり，その目的は，無秩序な複雑化を防ぎ，合理的な単純化または統一化を図ることにある．これにより，相互理解・コミュニケーションの促進，品質確保，使いやすさの向上，互換性の確保，生産性の向上，維持・改善の促進などが期待できる．

　標準化は，それが適用される範囲によって，社内のみで通用するものから国際的に統一されたものまであり，さまざまな単位で実施される．また，標準化をすることでどのようなメリットがあるのか，標準の制定にはどのような組織や法律が関係しているのかなど，周辺知識についても基本的なものは習得しておく必要がある．

　本問では，標準化を効果的に進めていくために必要な基本的事項について理解しているかどうかがポイントである．

解答

問35 ウ **問36** イ **問37** ア **問38** ウ

問39 ウ **問40** イ **問41** ア

問35

標準化を進めるうえで必要不可欠なのが，皆が同じ基準で仕事を進めるための統一したルールとなる標準である．よって，正解はウである．

ここで標準とは，関係する人々の間で利益または利便が公正に得られるように統一・単純化を図る目的で定めた取決めのことであり，社会生活を保つための国家的かつ支配的な規範である法律とは趣旨が異なる．標準化は，統一したルールである標準を制定したり，管理することで達成されていくものであるため，制定や管理はルールそのものを指しているわけではない．

問36

組織内で使用される標準は社内標準である．よって，正解はイである．

組織によって呼び方は異なるが，例えば「教育・訓練規定」，「文書管理標準」，「製造作業手順」，「製品検査規格」などが社内標準の例としてあげられる．必ずしも「○○標準」と呼ばれるわけではないところに注意を要する．

誤解答である選択肢について，地域標準は，ある特定の地域内での合意を要するものであり，例えば CEN（欧州標準化委員会）で発行される EN 規格がある．団体標準は，業界団体など複数の組織の合意をもって制定・運用されるものであり，例えば国際的な自動車業界団体である IATF が発行している IATF 規格などがある．国家標準は，国内全体に適用される標準であり，日本の国家標準の JIS，米国国家標準の ANSI，英国国家標準の BS，ドイツ国家標準の DIN などがある．

問 37

作業標準を設定し，仕事のやり方を標準化することで，誰がいつ，どの工場で製造しても同じ品質レベルの製品が作られることが期待できるようになる．よって，正解はアである．

誤解答である選択肢について，能率低下は，標準化がなされていない場合に陥る傾向であり，ルールが明確でないため，作業者ごとに自分が良いと思ったように進めてしまい，結果として全体最適になっていないことから能率の低下につながる場合がある．また，標準化によって品質が安定し，手直しがなくなったぶん早く帰れるようになったなど，間接的に従業員の満足を伴う場合もあるかもしれないが，それは標準化の直接の目的ではない．品質の革新は，標準化で期待される品質改善よりもさらに上をいくフェーズであり，例えば，他社に先駆けて新しい素材の採用に成功した，まだ世界でも知られていない製造技術を開発した，思い切った投資をして最新鋭の機材を導入したなど，標準化を超えたレベルの活動によって成し遂げられるものである．

問 38

日本産業規格（JIS）は，産業標準化法に基づき制定されている．よって，正解はウである．

誤解答の選択肢について，JAS 法は日本農林規格に関する法律であり，家庭用品品質表示法は家庭用品への表示に関する法律である．工業組合法は現在廃止されている．

産業標準化法は，2018 年 5 月 30 日に工業標準化法から名称を変えて改正されている（施行は 2019 年 7 月 1 日）．古い書籍やウェブサイトでは以前の法律名で解説されている場合があるので注意すること．

問 39

日本産業規格は英語で Japanese Industrial Standards と訳され，略して JIS と呼ばれる．よって，正解はウである．

　品質管理業界でよく用いられる略語でJから始まる紛らわしいものに，JAS（日本農林規格）やJET（一般財団法人電気安全環境研究所）などがある．**問38** の解説にあるように，産業標準化法に改正された時点でJISの正式名称は日本工業規格から日本産業規格へと変更された．こちらも間違いなく現在の名称を学んでおくこと．

問40

　国際的な組織で合意がなされた標準は国際規格である．よって，正解はイである．

　問36 の解説で詳述したが，地域規格はある特定の地域内での合意を得た規格であり，団体規格は業界団体など複数の組織の合意を得て採択された規格である．認証規格は適合性評価において基準（要求事項）となる規格であり，代表的なものに JIS Q 9001（ISO 9001）などがある．

問41

　ISO は International Organization for Standardization の略であり，国際標準化機構またはそこで制定された規格である．また，IEC は International Electrotechnical Commission の略であり，国際電気標準会議またはそこで制定された規格を指す．どちらも国際規格である．よって，正解はアである．

　問36 の解説で詳述したとおり，DIN（ドイツ国家規格），BS（英国国家規格）は国家規格の例であり，CEN，CENELEC は欧州地域規格である．SGは製品安全協会，PL は製造物責任を表す略語であり，国際規格の例ではない．

　ここで，本問の主旨ではないが，PL（Product Liability）について，製品安全の観点から重要な用語であるので補足する．製品の欠陥によって人の生命，身体または財産に被害を与えたとき，被害者が製造業者に対して損害賠償を求めることができる法律を PL 法という．PL 法で訴えられることによる企業の評判の低下はもちろん避けたいが，それ以前に自社の製品によって誰かに危害や損害を与えるようなことは絶対にあってはならない．そこで，PLP

（Production Liability Prevention：製造物責任予防）といって，PL の原因となる事故の発生そのものを未然に防止し，より良い安全な製品を作り込んでいこうという企業の活動が重要となる．こういった活動は製品安全と呼ばれ，品質管理の重要な要素となっている．

引用・参考文献

1) 品質管理検定運営委員会(2023)：品質管理検定（QC 検定）4 級の手引き，Ver.3.2, pp.36–37, 日本規格協会

11. 検査とは

品物またはサービスのひとつ以上の特性値に対して，測定，試験，検定，ゲージ合わせなどを行い，規定要求事項と比較して，適合しているかどうかを判定する活動を何というか．もっとも適切なものをひとつ選べ．

　ア．調査
　イ．分析
　ウ．検査
　エ．計算

製品は，最初から製品の形をしているのではなく，複数の工程を経て製品となる．このため，必要に応じて各工程のさまざまな段階で検査を実施することが重要である．通常の製造工程を考えるとき，次の3つの段階の順序について，もっとも適切なものをひとつ選べ．

A．製造工程で必要とされる原材料や一部加工品を外部から受け入れる段階で実施する検査

B．製品が完成した段階で実施する検査

C．一連の製造工程における途中の適切な段階で実施する検査

　ア．A→B→C
　イ．A→C→B
　ウ．B→A→C
　エ．B→C→A

問44

長さや重さ，性能，有効成分量などの特性を測定して行う検査のほかに，人間が手触りや味覚などによって判断する検査を何というか．もっとも適切なものをひとつ選べ．

　ア．官能検査
　イ．実態検査
　ウ．技能検査
　エ．破壊検査

解説

　この問題は，品質管理の中で代表的な活動の一つである検査についての知識を問うものである．

　検査とは，製品やサービスの一つ以上の特性値に対して，測定，試験などを行って，規定要求事項に適合しているかどうかを判定する行為をいう．

　検査には何通りかの分類方法がある．まず，検査を実施するタイミングで分類すると，組織によってそれぞれ呼び名は異なるであろうが，**解説図 11.1** に示すように，「購入検査／受入検査」，「工程検査／中間検査」，「最終検査／完成品検査」などに大きく分けられる．

　また，別の分類方法として，受入／出荷などの対象となる全製品を検査する「全数検査」，対象から一部をサンプリングし，その検査結果から対象全体を判

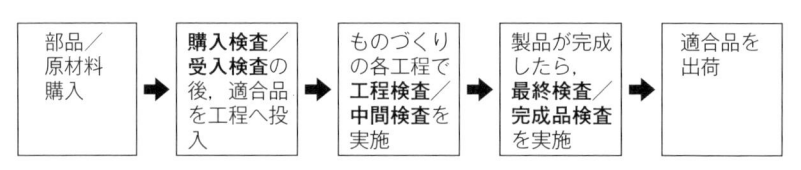

解説図 11.1 実施タイミングごとの検査の呼称

定する「抜取検査」，供給者のこれまでの品質レベルなどから信頼がおける場合，購入検査などで自社での製品検査を実施することなく，供給者の検査データの確認や定期的な検査への立ち会いなどで製品を判定する「無試験検査」などに分ける方法もある．抜取検査については，ただ単純に検査数量を減らしただけの検査であると誤解している人も多いので，基本的な知識をここで補足する．例えば 1,000 個の部品を購入したときに 1,000 個すべてを検査すれば，それは全数検査したことになる．しかし，**解説図 11.2** に示す母集団とサンプルの関係のように，この 1,000 個（母集団）からランダムに，例えば 30 個のサンプルを抽出し，このサンプルだけを測定して得たデータから母集団の品質状態を推測・判定することが統計的に有効である場合がある．

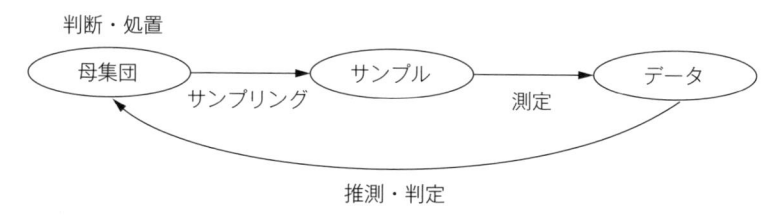

解説図 11.2　母集団とサンプルの関係

　こういった場合は，1,000 個の母集団から 30 個のサンプルを抜き取って検査（抜取検査）することで，1,000 個すべてを受け入れられるか否かを決定する．あくまでも，サンプルを測定したデータを統計的に処理することで母集団を判断できる状態にあることが前提であり，やみくもに検査数を減らしただけではないことを理解することが重要である．また，顧客や取引先との合意ができていなければ採用できない場合もある．

　本問では，検査とは何か，どのようなタイミングで実施するのか，どのような種類の検査があるのかなどについて理解しているかどうかがポイントである．

解答

問42　ウ　　問43　イ　　問44　ア

問42

　検査には，測定や試験を実施するだけでなく，その結果を規定要求事項と比較して，適合の有無を判定するという行為が伴う．すなわち，「調査」，「分析」，「計算」した結果を規定要求事項（品質判定基準）と比較して，適合しているかどうかの判定をしてはじめて検査をしたといえる．言い換えれば，誤解答の選択肢であるこの3つの項目はすべて，検査を実施するための各要素であるということになる．よって，正解はウである．

問43

　3つの段階 A, B, C をものづくりの順序に並べると，「A（原材料や一部加工品の受入検査）」→「C（製造の途中段階で実施する工程内検査）」→「B（製品の最終検査）」という順序になる（**解説図 11.1** 参照）．よって，正解はイである．

問44

　人間の五感（視覚，聴覚，触覚，味覚，嗅覚）を利用して適合の判定をする検査を官能検査と呼ぶ．よって，正解はアである．

　測定結果（測定値）を要求値と比較する検査と比べ，客観的な数値での判断ができないため，通常の検査とは異なる特別な教育訓練を受けた検査員でなければ実施が難しい．身近な例として，製品の傷に関する外観検査が官能検査である場合も多い．傷の長さや深さが測定できる場合は数値で判断できるが，「爪に引っかからないこと」という基準しか設定できない場合は検査員によって判定に個人差が出てしまう可能性がある．そういった事態を避けるため，どこまでなら許容できるのか，実際に比較できるサンプル（限度見本と呼ぶ）を作る場合もある．その他，色彩や，扉を開閉する際の音や力具合，布や皮の風

合いなど，製品によって人の五感に頼って判定するケースは多い．

引用・参考文献

1)　品質管理検定運営委員会(2023)：品質管理検定（QC 検定）4 級の手引き，Ver.3.2,
　　p.14，p.16，日本規格協会

品質管理活動に関連する基本知識

12. 工程とプロセス

　次の文章は，製造業に就職したYさん（新入社員）がパック詰めレトルトライス製造工場を見学した後の，社内で行われた報告会の内容とそれに対する上司のコメントである．

＜Yさんの報告（その1）＞

　「パック詰めレトルトライス」（以下，パックご飯）の工場見学で，この会社の主力商品である白米のパックご飯製造工程は，大きく分けて次の5段階との説明を受けました．

① 工程Ⅰ：原材料受入れ・保管工程

　納入された無洗米（とがなくてもそのまま炊くことのできる米）は保管庫に移る前に検査を行い，輸送時に割れてしまった米粒や異物などを取り除いて保管する．

② 工程Ⅱ：炊き上げ準備工程

　保管庫から出た米を一定時間水に浸した後に1食分ごとに計量して，水と一緒に専用の炊飯容器に入れる．

③ 工程Ⅲ：炊き上げ工程

　専用の炊飯容器で45分かけて1食分ごとに炊き上げる．

④ 工程Ⅳ：容器充填（てん）・密封工程

　炊けた米をクリーンルーム内でパッケージ容器に移し，風味が落ちないよう不活性ガスを充填してから蓋代わりにシールで密封する．

⑤ 工程Ⅴ：出荷工程

　X線や金属探知機などで検査し，品質に問題がないことを確認した後に出荷する．

　この工場でもっとも力を入れて管理しているのは工程Ⅱとのことです．理由は，「米の計量に大きなばらつきがあった状態で炊くと，芯が残ったり，規定量より多い分は容器に移す際にこぼれるなど，次以降の工程に大きな影響があるため」との説明がありました．工場長は<u>以降の工程に迷惑をかけないようにする心がけ (A)</u> を強調されていたのが印象的でした．

　炊き込みご飯用の味のついた米と白飯用の米の取り違えという作業事故事例も紹介されました．この事故を教訓として<u>材料の受け渡し (B)</u> など，作業者どうしで確認し合うような意識が高まったとのことでした．

⧉ **45**

　Ｙさんの報告（その1）のうち，下線部（A）に相当する格言は何か．もっとも適切なものをひとつ選べ．

　　ア．お客様第一

　　イ．品質第一

　　ウ．前工程はお客様

　　エ．後工程はお客様

⧉ **46**

　Ｙさんの報告（その1）のうち，下線部（B）のために行った教育内容は何か．もっとも適切なものをひとつ選べ．

　　ア．各工程間のトリプルチェックが大事なこと

　　イ．各工程間の競争意識が大事なこと

　　ウ．各工程を性善説でとらえることが大事なこと

　　エ．各工程どうしのインターフェースが大事なこと

＜Ｙさんの報告（その2）＞

そしてこの工場では，工程Ⅰや工程Ⅴのほかに，各工程の途中で検査 (C) が行われていました．また装置を使って行う検査だけでなく検査員の方が実際に試食し，風味や米の炊き具合などをみる検査 (D) も行っているそうです．余談ですが，工程Ⅰの検査で判別された，割れていたりいびつな形をした米 (E) はそのまま捨ててしまうのではなく，粉末にして別の製品の材料にしていると聞き安心しました．

この見学をとおして，お客様へ良いものを届けるためには自分の業務に集中するだけでなく，工程のつながりを意識してものづくりを行うことの大切さを学ぶことができました．

㊟47

Ｙさんの報告（その2）のうち，下線部（C）の検査を何というか．もっとも適切なものをひとつ選べ．

　　ア．官能検査
　　イ．感覚検査
　　ウ．工程内検査
　　エ．期末検査

㊟48

Ｙさんの報告（その2）のうち，下線部（D）の検査を何というか．もっとも適切なものをひとつ選べ．

　　ア．官能検査
　　イ．受入検査
　　ウ．工程内検査
　　エ．期末検査

㊙ **49**

Yさんの報告（その2）のうち，下線部（E）は検査の結果，どのように判断されたか．もっとも適切なものをひとつ選べ．

　ア．適合品
　イ．不適合品
　ウ．高品質品
　エ．平均品

＜上司のコメント＞

　良い発表なので，もう少し補足して考えてみたい．工程についてもう少し注目すると，前後の工程はインプット（入力）とアウトプット（出力）との関係になっていることがわかる．つまり，その工程に入ってきたインプットからアウトプットを作り，次の工程に送る (F) という流れが繰り返されているのがわかるね．

　作業者が装置を操作し，原材料をある方法で加工を行って製品を完成させる (G) という，工程を構成する要素は，工程で起きた問題を改善するときには重要な要因になるので覚えておこう．わが社と製造しているものは違っても，工程の構成要素は同じだからね．

　最後に，こうした工程をとおしたものづくりの標語 (H) を各自で学んでもらいたい．

㊙ **50**

　上司のコメントのうち，下線部（F）のより詳しい説明はどれか．もっとも適切なものをひとつ選べ．

　　ア．インプットに価値を加えてアウトプットを作る．
　　イ．インプットに投資を加えてアウトプットを作る．

60

ウ．インプットに力を加えてアウトプットを作る．

エ．インプットに材料を加えてアウトプットを作る．

問 51

上司のコメントのうち，下線部（G）の工程を構成する要素はそれぞれの頭文字をとって何と呼ぶか．もっとも適切なものをひとつ選べ．

ア．3ム

イ．4M

ウ．3S

エ．5S

問 52

上司のコメントのうち，下線部（H）に該当する標語はどれか．もっとも適切なものをひとつ選べ．

ア．後工程を品質ととらえよ

イ．品質は工程で作り込め

ウ．工程と品質の両輪を回せ

エ．工程ファースト，品質セカンド

解説

この問題は，工程とプロセスに関して，後工程はお客様，品質は工程で作り込め，3ム，4M，5S など，品質管理の基本用語について問うものである．

プロセスとは，材料などをインプットとして受け取り，ある価値を付けて部品などのアウトプットを作り出す，ひとまとまりの活動のことである．特に製

造業では工程と同じ意味で使われる．製品は一つのプロセスで完成するものではないため，工程間のつながりやインターフェースが品質を担保するうえで重要になる．

　上記のような基本用語だけ覚えても，どのように実践の場で使用されているのかは，経験が伴わないうちはなかなか想像しにくい．その場合は，既に発刊されている QC 検定向けの教本などを利用し，現場を想定した問題を多く解き，そこで行われている活動や会話に一つでも多く触れておくことで知識を身に付けることができる．

　本問では，実際の現場で起こりがちな場面を想定し，ストーリー形式で，広く実践的な基本内容について理解しているかどうかがポイントである．

解答

問45 エ	問46 エ	問47 ウ	問48 ア
問49 イ	問50 ア	問51 イ	問52 イ

問45

　一般に，後続の工程に迷惑をかけないようにする心がけを「後工程はお客様」と表現する．お客様は完成品を購入する社外の顧客だけでなく，社内にも存在する．すべての工程に携わる人々がこのような心がけをもち，責任をもって自分の作業を実施すれば，おのずと品質は良くなり，戻り作業や手直しなどの発生は防げる．よって，正解はエである．

　誤解答である選択肢について，お客様第一や品質第一も重要な考え方であるが，工程に着目した格言ではないため，この問題の解答としては適切でない．前工程はお客様については，そもそも問題文中に「以降の工程に迷惑をかけない」とあるので，前工程を対象にしていない．

問 46

　「米の取り違え」，「材料の受け渡し」，「作業者どうしで確認し合う」という
キーワードから，ある工程を担当する作業者から別の工程を担当する作業者
へ，材料（米）を渡す際に伝達事項などのミスが生じたと推測できる．工程と
工程（この場合は前後の工程を担当する作業者どうし）をつなぐ部分をインタ
ーフェースといい，ここでのコミュニケーションが十分でなかったことによる
事故や不適合は多い．同様の事例を防ぐためには，各工程どうしのインターフ
ェースでの取決めや確実な情報のやりとりが重要だという教育が必要である．
よって，正解はエである．

　誤解答である選択肢について，トリプルチェックとは同じことを3回確認
するという意味で，そのぶん時間もかかり，場合によっては3回とも別々の
人員が対応するとなると，ますます費用対効果が悪い．共同責任は無責任とい
うように，3人で実施することで責任の所在があいまいになり，裏目に出るケ
ースもあるため適切ではない．工程間に競争意識があると，逆にインターフェ
ースでのコミュニケーションに悪影響を及ぼすことが懸念される．材料の受け
渡しプロセスを強固なものにすることに対しては逆効果に働くこともあり得る
ため，適切ではない．性善説を前提に対応すると，前工程を盲目的に信用する
ことにもなってしまい，受け取った製品や情報に隠されたミスを見逃しかねず
適切ではない．

問 47

　各工程の途中で行われる検査を工程内検査と呼ぶ．よって，正解はウであ
る．

　このように検査を実施するタイミング別に分類した検査の例について，大問
11 の解説に詳述したので参考にしてほしい．

　誤解答である選択肢について，官能検査については**問 44** の解説を参照のこ
と．感覚検査，期末検査については，企業によって独自の意味をもたせて使用
されている場合があるかもしれないが，一般の品質管理用語としては使われて

いない.

問 48

　人間の五感を使って判定する検査を官能検査という．よって，正解はアである（**問 44** の解説を参照）．

問 49

　検査では，判定基準を満たした製品を適合品とし，満たさなければ不適合品と判定する．この事例では，割れた米やいびつな形の米は粉末にし，パックご飯としては使用されないと書かれている．つまり，割れているなどの米はパックご飯の原材料としては不適合品であるということが，工程 I の原材料受入検査で判定されたということになる．よって，正解はイである．

　誤解答の選択肢について，不適合品と判定された米が適合品や高品質品なわけはなく，また，文面から米全体の品質レベルが判断できないことから平均品を選ぶこともできない．それに，一般的に考えて，パックご飯に使用できないと判定されてしまう割れた米の品質レベルが平均品であることは考えにくい．

問 50

　ある工程にインプットが入り，アウトプットとして次工程に送る間，当工程では何を加えているかを質問している．この問いの場合，例えば工程 I であれば，インプットは納入された無洗米であり，アウトプットはパックご飯に使用できる品質レベルの米である．その際に実施されたのは，適合レベルの米のみを選別するという検査行為であり，付加されたものは何かといえば価値である．よって，正解はアである．

　そのままの状態では炊いても商品にできないものが混ざった米を，パックご飯の原料として使用できる品質になるよう価値を与えたわけである．本問とは全く別の事例として，工業製品などで，インプット（材料）からアウトプット（製品）を作る際，別の素材を加えたり，材料を切ったり曲げたり，材料や力

を付加するケースもあるが，それは世の中に存在するすべてのプロセスにあて
はまるとはいえない．すべてのケースに対してあてはまるのは価値である．つ
まり，材料に色や匂いをつけるために別の材料を入れるのも，形を作って組み
立てるのも，インプットである材料に対して価値を付加する行為だといえる．
投資は利益を見込んでお金をつぎ込むことなので，すべての製品やサービスを
構成する各プロセスにあてはまる言葉だとはいえない．

🕮 51

下線部（G）には，「作業者が装置を操作し，原材料をある方法で加工を行
って製品を完成させる」とある．これにより，工程を構成する要素は人，機
械・設備，原材料，方法（Man, Machine, Material, Method）であるか
ら，それぞれの頭文字をとると 4M となる．よって，正解はイである．

アウトプットに何か問題が生じたときは，プロセス中で 4M のいずれかに何
かしらの変化が起こったことが原因である場合が多い．また逆に，4M に改善
を施すことでアウトプットの品質に貢献できる場合も多い．もう一つの M で
ある計測（Measurement）を加えて 5M として工程分析を実施する場合もあ
るので併せて覚えておくとよい．

誤解答の選択肢について，3 ムはムリ・ムラ・ムダのことを表し，3S は整
理・整頓・清掃を指す．5S は 3S に清潔としつけ（躾）を加えたものであり，
いずれも工程を構成する要素ではない．

🕮 52

各工程が，良い品質のアウトプットを次工程に送り，全工程をとおして高品
質なものづくりをしていこうという意識を表す標語は「品質は工程で作り込
め」である．よって，正解はイである．

顧客からクレームがあると，検査で見つけられなかったことが原因だと決め
つける場面を見ることもあるが，それよりもまず，なぜ不適合品を作ってしま
ったのかを調査し，問題のあったプロセスを改善する考え方が不可欠である．

製品やサービスの最終形は，複数のプロセスのつながりによって完成する．すなわち，すべてのプロセスが良い品質のアウトプットを生み出すことで，高品質な完成品を提供していくことができるのである．

引用・参考文献

1) 品質管理検定運営委員会(2023)：品質管理検定（QC検定）4級の手引き，Ver.3.2，p.15，p.40，日本規格協会

13. 事実とデータに基づく判断 (1)

同じ条件で3台の機械（機械1，機械2，機械3）によって，電球をそれぞれ200個生産した．生産された電球の重さの状態を把握するために調査を行うことになった．

㊜53

調査の方法は，生産された600個の電球の中から60個抜き取り，すべての電球の重さを推測することにした．推測するために抜き取った電球の集まりを何というか．もっとも適切なものをひとつ選べ．

ア．単位
イ．母集団
ウ．サンプル
エ．サンプルサイズ

㊜54

抜き取った電球のデータから推測する対象となるすべての電球を何というか．もっとも適切なものをひとつ選べ．

ア．母集団
イ．母平均
ウ．単位
エ．サンプルサイズ

⑪ **55**

電球を抜き取る際に，できるだけかたよりが起きないように抜き取ることを
何というか．もっとも適切なものをひとつ選べ．

　　ア．単位
　　イ．ランダムサンプリング
　　ウ．サンプル
　　エ．サンプルサイズ

⑪ **56**

60個の電球をかたよりなく抽出するための組合せとして，もっとも適切な
ものをひとつ選べ．

　　ア．機械1：10個，機械2：20個，機械3：30個
　　イ．機械1：15個，機械2：30個，機械3：15個
　　ウ．機械1：20個，機械2：10個，機械3：30個
　　エ．機械1：20個，機械2：20個，機械3：20個

解説

この問題は，事実とデータに基づく判断について問うものである．

品質管理においては，過去の経験や勘だけに頼らずに，事実を観測値や測定
値のデータとして正しく把握して，客観的に判断することが大切である．同じ
条件や状態で実験や作業をしたつもりでも，取られたデータには，常にばらつ
きが含まれていると考えられる．このようにデータはばらつきをもっているた
め，サンプルを測定して得たデータから母集団について，ばらつきの状態を考
慮して何らかの判断を下す必要がある．

　母集団からサンプルを抽出する行為をサンプリングといい，サンプルについて得られたデータから母集団の姿を捉えることから，サンプルは母集団の姿をできる限り反映していることが必要である．そのためには，かたよりなくランダム（無作為）にサンプルを取る必要がある．

　本問では，事実とデータに基づく判断において，母集団とサンプルの関係およびサンプルの取り方について理解しているかどうかがポイントである．

解答

　問 53 ウ　　**問 54** ア　　**問 55** イ　　**問 56** エ

問 53

　すべての電球の重さを推測するために抜き取った電球，すなわち母集団を推測するために抜き取られたものをサンプルという．よって，正解はウである．

　誤解答である選択肢について，単位は取決めにより定義され採用された特定の量であって，同種の他の量の大きさを表すために比較されるもの，母集団は考察の対象となる特性をもつすべてのものの集団，サンプルサイズは母集団より抜き取ったサンプルに含まれる単位体または単位量の数のことである．なお，サンプルサイズはサンプルの大きさともいう．

問 54

　抜き取った電球のデータから推測する対象となるすべての電球の集団を，母集団という．よって，正解はアである．

　誤解答である選択肢について，母平均は母集団の平均，単位とサンプルサイズは問 53 の解説のとおりである．

問 55

　電球を抜き取る際に，できるだけかたよりが起きないように抜き取る方法を

ランダムサンプリングという．よって，正解はイである．

誤解答である選択肢について，単位，サンプル，サンプルサイズは**問53**の解説のとおりである．

㉘ 56

サンプルは母集団の姿をできる限り反映するために，かたよりなくランダム（無作為）に取る必要がある．そのためには，機械1，機械2，機械3から同じサンプルサイズを抽出する必要がある．よって，正解はエである．

誤解答である選択肢について，例えば，機械1から10個，機械2から20個，機械3から30個のように，他の選択肢も同様に，かたよりのある抽出になっている．

引用・参考文献

1) 品質管理検定運営委員会(2023)：品質管理検定（QC検定）4級の手引き，Ver.3.2，pp.16–17，日本規格協会
2) 吉澤正編(2004)：クォリティマネジメント用語辞典，p.343，p.489–490，日本規格協会
3) 小高伸久：品質管理セミナー入門講座テキスト第5巻，p.10，日本規格協会，

14. 事実とデータに基づく判断（2）

表1は気象庁より発表された東京都の月間平均気温と月間降水量のデータを表したものである.

表1. 東京都の月間平均気温と月間降水量

	1月	2月	3月	4月	5月	6月
月間平均気温(℃)	5	5	11	15	19	23
月間降水量(mm)	23	71	111	225	198	64
	7月	8月	9月	10月	11月	12月
月間平均気温(℃)	27	28	24	17	15	8
月間降水量(mm)	233	105	310	118	103	57

気象庁データより，小数点以下は四捨五入

㊟ **57**

月間降水量が150 mm を超えた月の月間平均気温の平均値を計算した. 平均値の値としてもっとも適切なものをひとつ選べ（小数点以下は四捨五入せよ）.

  ア．約17℃

  イ．約19℃

  ウ．約21℃

  エ．約23℃

㊟ **58**

年間の月間平均気温のばらつきを示す範囲を表す記号として，もっとも適切なものをひとつ選べ.

ア．R

イ．Σ

ウ．$\tilde{x}$

エ．$\bar{x}$

問59

年間の月間平均気温のばらつきを示す範囲を計算した．範囲の値としてもっとも適切なものをひとつ選べ．

ア．22℃

イ．23℃

ウ．24℃

エ．25℃

問60

月間平均気温が15℃以下の月の月間降水量の平均値を計算した．この値としてもっとも適切なものをひとつ選べ（小数点以下は四捨五入せよ）．

ア．約95 mm

イ．約98 mm

ウ．約108 mm

エ．約114 mm

問61

月間平均気温（℃）と月間降水量（mm）のように連続量として測れるデータの種類はどれか．もっとも適切なものをひとつ選べ．

ア．計量値

イ．計数値

ウ．質的データ

エ．言語データ

㊾ **62**

月間平均気温が20℃以上の月の数や，この1年間における年間の月間平均気温が10℃以下の月の割合（％）のように個数で数えられるデータの種類はどれか．もっとも適切なものをひとつ選べ．

ア．計量値

イ．計数値

ウ．質的データ

エ．言語データ

解説

この問題は，事実とデータに基づく判断のためのデータのまとめ方を問うものである．

同じ条件や状態で実験や作業を実施したつもりでも，データはばらついている．そのためサンプルを測定して得られたデータに基づいて母集団の状態や傾向をつかむときには，中心的な傾向だけでなく，ばらつきの程度も見る必要がある．

中心的な傾向を示す尺度として平均値 $\bar{x}$ やメディアン（または中央値）$\tilde{x}$ があり，ばらつきの程度を示す尺度として範囲 R がある．なお，サンプルを測定して得られたデータから計算される平均値 $\bar{x}$，メディアン $\tilde{x}$ や範囲 R を統計量という．

本問では，設問のデータをもとに，統計量やデータの種類について理解して

いるかどうかがポイントである.

解答

問57 ウ **問58** ア **問59** イ **問60** イ

問61 ア **問62** イ

問57

データの平均値 $\bar{x}$ は,次式のように,各データの総和をデータの個数(サンプルサイズ)で割って求めることができる.

$$平均値\ \bar{x} = \frac{x_1 + x_2 + \cdots + x_n}{n} = \frac{\sum x_i}{n} = \frac{データの合計}{データ数}$$

ここに,n はデータ数(サンプルサイズ),$x_1, x_1, \cdots, x_n$ は各データを示す.

表1のデータを用いて,月間降水量が 150 mm を超えた月は4月,5月,7月,9月の4か月であり,そのときの月間平均気温の平均値 $\bar{x}$ を求めると,

$$\bar{x} = \frac{15 + 19 + 27 + 24}{4} = \frac{85}{4} = 21.25\ (℃)$$

となる.よって,正解はウである.

問58

ばらつきを示す範囲を表す記号は R である.よって,正解はアである.なお,$\sum$ は総和であり,平均値は $\bar{x}$,メディアンは $\tilde{x}$ が用いられる.

問59

データの範囲 R は,次式で求めることができる.

範囲 $R = $ 最大値 $-$ 最小値 $= x_{max} - x_{min}$

ここに,x_{max} は最大値,x_{min} は最小値を示す.

年間の月間平均気温のばらつきを示す範囲 R は,最高気温 28℃ に対し最低気温が 5℃ なので,

$$範囲\ R = 28 - 5 = 23\ （℃）$$

となる．よって，正解はイである．

問 60

この問いでの計算は**問 57** の式を用いればよい．表 1 のデータを用いて，月間平均気温が 15℃以下の月は 1 月，2 月，3 月，4 月，11 月，12 月の 6 か月であり，そのときの月間降水量の平均値 $\bar{x}$ は，

$$平均値\ \bar{x} = \frac{23 + 71 + 111 + 225 + 103 + 57}{6} = \frac{590}{6} = 98.3\ （mm）$$

となる．よって，正解はイである．

問 61

重さ，長さ，時間，温度のように連続量として測れるデータは計量値のデータである．よって，正解はアである．

問 62

不適合品の数，キズの数のように 1 個，2 個，…といった個数で数えられるデータは計数値のデータである．よって，正解はイである．

本問の月の割合のように比率で求めるデータもある．この場合は，分母が計量値，計数値であっても，分子が計量値であれば計量値のデータ，分子が計数値であれば計数値のデータとして扱われる．

引用・参考文献

1）　品質管理検定運営委員会(2023)：品質管理検定（QC 検定）4 級の手引き，Ver.3.2，pp.16–19，日本規格協会

15. QC 七つ道具 (1)

表1は，QC 七つ道具の一つとして知られている表である．

表1

粉乳包装シール不適合項目調査用 ××××××							
製品名：粉乳 M5		機械名：MC-K1			ロット No.：MF5		
工程名：充填・包装		測定法：全数目視			期間：×××××		
月/日 不適合項目	5/7	8	9	10	11	12	計
エッジ切れ	##	///	//	### /	//	///	21
粉付着	//	###	/	//	/	///	14
シール部しわ	///		////	###	//	/	15
シール温度不良		/		/	/	//	5
その他	/	/			/		3
計	11	10	7	14	7	9	58
チェック担当	X	Y	Z	X	Z	X	

問63

表1は QC 七つ道具の中で何と呼ばれているか．もっとも適切なものをひとつ選べ．

ア．特性要因図

イ．パレート図

ウ．チェックシート

エ．ヒストグラム

問64

表1の説明としてもっとも適切なものをひとつ選べ．

ア．データを取るときに，必要な項目，図などが前もって印刷された用紙を準備し，データや結果の記録，点検結果などが簡単に記入できるようにしたもの．

イ．項目別に層別して，出現頻度の大きさの順に並べるとともに，累積和を示したもの．

ウ．データの大きさを図形で表し，視覚に訴えたり，データの大きさの変化を示したりして理解しやすくしたもの．

エ．計量特性の度数分布のグラフ表示のひとつ．測定値の存在する範囲をいくつかの区間に分けた場合，各区間を底辺とし，その区間に属する測定値の度数に比例する面積をもつ長方形を並べたもの．

問 65

表 1 の用途の例としてもっとも適切なものをひとつ選べ．

ア．製品の品質の状態が規格値に対して満足のいくものかなどを判断するときに用いられる．

イ．品質の特性や不適合箇所とその原因との関連を表し，それぞれの関係の整理に役立ち，重要と思われる原因を見つけ出し，それに対策を打っていくために用いられる．

ウ．数値や記号などを使って簡単に記録できるようにして，データを項目別にもれなく取るために用いられる．

エ．問題解決に取り組む対象を選ぶときなどに，何が重要か，それが全体のどれくらいを占めているかを知るために用いられる．

図 1 は，QC 七つ道具の一つとして知られている図である．

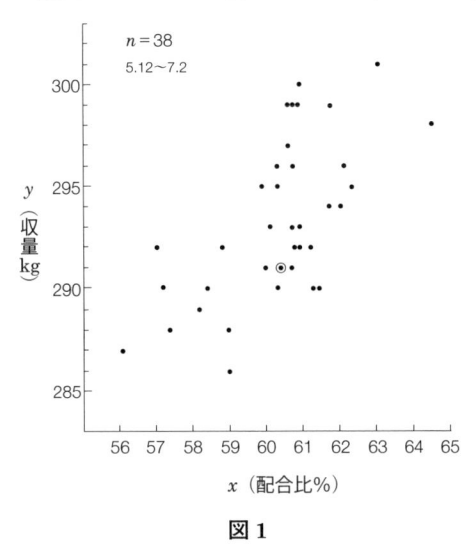

図 1

⑯ **66**

図 1 は QC 七つ道具の中で何と呼ばれているか．もっとも適切なものをひとつ選べ．

　　ア．パレート図

　　イ．散布図

　　ウ．ヒストグラム

　　エ．特性要因図

⑯ **67**

図 1 の説明としてもっとも適切なものをひとつ選べ．

　　ア．二つの特性を横軸と縦軸にとり，対になったデータを打点して作るもの．

78

イ．計量特性の度数分布のグラフ表示のひとつ．測定値の存在する範囲を
いくつかの区間に分けた場合，各区間を底辺とし，その区間に属する
測定値の度数に比例する面積をもつ長方形を並べたもの．

ウ．データの大きさを図形で表し，視覚に訴えたり，データの大きさの変
化を示したりして理解しやすくしたもの．

エ．項目別に層別して，出現頻度の大きさの順に並べるとともに，累積和
を示したもの．

㊿ **68**

図 1 の用途の例としてもっとも適切なものをひとつ選べ．

ア．品質の特性や不適合箇所とその原因との関連を表し，それぞれの関係
の整理に役立ち，重要と思われる原因を見つけ出し，それに対策を打
っていくために用いられる．

イ．問題解決に取り組む対象を選ぶときなどに，何が重要か，それが全体
のどれくらいを占めているかを知るために用いられる．

ウ．製品の品質の状態が規格値に対して満足のいくものかなどを判断する
ときに用いられる．

エ．点の並び方に何らかの傾向があるか，異常点はないかなどの異なる変
数間の関連を調べるのに用いられる．

解説

この問題は，QC 七つ道具の種類とその内容を問うものである．

品質管理を実施するうえで，データを収集し，分析の目的に合わせてデータ
を処理し，そこから情報を引き出すことが重要である．そのようなデータ処理
をする手法のうち，品質管理で活用され効果の高い手法が選ばれ，QC 七つ道

具と名付けられた．具体的には，QC 七つ道具として選ばれた手法は，パレート図，特性要因図，ヒストグラム，グラフ／管理図，チェックシート，散布図，層別の七つである．**解説表 15.1** に，QC 七つ道具のそれぞれの特徴を示す．

解説表 15.1　QC 七つ道具の手法と特徴

手　法	特　　　徴
パレート図	項目別に層別して，出現頻度の大きさの順に並べるとともに，累積和を示した図．
特性要因図	特定の結果（特性）と要因との関係を系統的に表した図．
ヒストグラム	測定値の存在する範囲をいくつかの区間に分けた場合，各区間を底辺とし，その区間に属する測定値の度数に比例する面積をもつ長方形を並べた図．
グラフ	データの大きさを図形で表し，視覚に訴えたり，データの大きさの変化を示したりして理解しやすくした図．
管理図	連続した観測値または群のある統計量の値を，通常は時間順またはサンプル番号順に打点した，中心線，上側管理限界線，下側限界線をもつ図．
チェックシート	計数データを収集する際に，分類項目のどこに集中しているかを見やすくした表または図．
散布図	二つの特性を横軸 x と縦軸 y にとり，対になったデータを打点して作る図．
層別	母集団をいくつかの層に分割すること．

　本問では，QC 七つ道具の種類とその内容，および活用方法について理解しているかどうかがポイントである．

解答

ⓟ63　ウ	ⓟ64　ア	ⓟ65　ウ	ⓟ66　イ
ⓟ67　ア	ⓟ68　エ		

🕮 63

表1を見ると，計数データを収集する際に，分類項目のどこに集中しているかを見やすくするチェックシートであることがわかる．よって，正解はウである．

🕮 64

チェックシートは，データを収集し，整理しやすくするために，事前に用紙にデータを取るときに必要な項目や図などを印刷し，データや結果の記録，点検結果などが簡単に記入できるようにしたものである．よって，正解はアである．なお，選択肢のイはパレート図，選択肢のウはグラフ，選択肢のエはヒストグラムに対しての説明である．

🕮 65

チェックシートを使うことで，計画的に，もれのないデータを取ることができ，取った後の処理も容易になる．よって，正解はウである．なお，選択肢のアはヒストグラム，選択肢のイは特性要因図，選択肢のエはパレート図のそれぞれの用途の例を示している．

🕮 66

図1を見ると，二つの特性 x, y を横軸と縦軸にとり，対になったデータを打点して作る散布図であることがわかる．よって，正解はイである．

🕮 67

散布図は，対になっている二つの特性間の相互の関係を調べるのに使われる．よって，正解はアである．なお，**問 64** の解説で述べたとおり，選択肢のイはヒストグラム，選択肢のウはグラフ，選択肢のエはパレート図に対しての説明である．

⓲ 68

散布図を見る際は,「点の並び方に何らかの傾向があるか」,「その傾向は直線的か,あるいは曲線的か」,「その傾向からのばらつきはどうか」などを読み取る必要がある.よって,正解はエである.なお,**問 65** の解説で述べたとおり,選択肢のアは特性要因図,選択肢のイはパレート図,選択肢のウはヒストグラムのそれぞれの用途の例を示している.

引用・参考文献

1) 品質管理検定運営委員会(2023):品質管理検定(QC 検定)4 級の手引き,Ver.3.2,pp.19–26,日本規格協会

16. QC 七つ道具（2）

問 **69**

　QC 七つ道具を用いた図1のグラフは，ある製品の重量のばらつきを示している．問題解決の手がかりをつかむため，これを図2，図3のように作業者別に分けると，その結果からどのようなことがわかるか．もっとも適切なものをひとつ選べ．

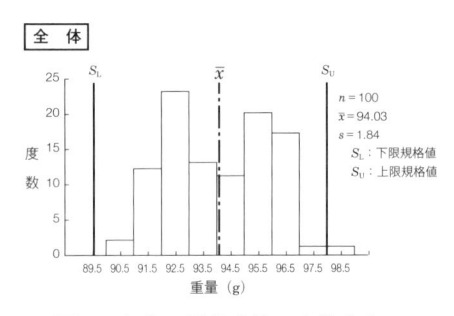

図1. 全体の製品重量の度数分布

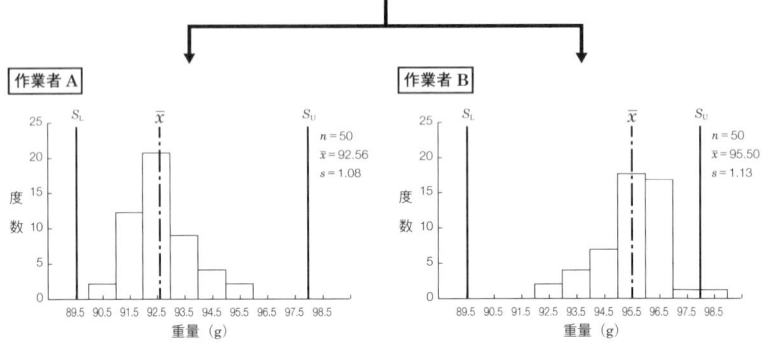

図2. 作業者 A の製品重量の
　　　度数分布

図3. 作業者 B の製品重量の
　　　度数分布

ア．作業者Aは規格内に入っていて，作業に問題はない．

イ．作業者Bは上限規格値 S_U を超えているが，作業に問題はない．

ウ．どちらもばらつきは小さく作業に問題はない．

エ．どちらもばらつきは大きく作業に問題がある．

解説

　この問題は，QC 七つ道具の一つである層別について，具体的に層別を例示し，そこからどのようなことが判断できるかを問うものである．

　層別は，母集団をいくつかの層に分割することである．層は母集団の一部である部分母集団の一種で，相互に共通部分をもたず，それぞれの層をあわせたものが母集団に一致する．したがって，目的とする特性に関して，層内がより均一になるように層を設定することが大切である．

　本問では，層別の使い方とその結果から得られる内容について理解しているかどうかがポイントである．

解答

　⑱ **69　ア**

⑱ 69

　ある製品の重量のばらつきについて，ヒストグラムを全体（図1）でまとめたものを作業者ごとに層別（図2と図3）したものである．全体の図1では，上限規格値 S_U を超えているものがあり，作業に問題があることがわかる．そこで作業者別に層別し（図2と図3），作業者ごとのヒストグラムを確認すると，作業者Aは規格内にすべてが収まっており，作業に問題がないことが確認できる．これに対して作業者Bは，上限規格値 S_U を超えるものがあり，作

84

業に問題があることがわかる．よって，正解はアである．なお，作業者 A の分布は規格の中心に対して下限規格値 S_L にかたよっているのに対し，作業者 B は上限規格値 S_U にかたよっていることにも注意する必要がある．

引用・参考文献

1) 品質管理検定運営委員会(2023)：品質管理検定（QC 検定）4 級の手引き，Ver.3.2，pp.24–26，日本規格協会

17. QC 七つ道具 (3)

問 70

図 1 の $\overline{X}$ 管理図に関する①〜③の文章それぞれの正誤について，もっとも適切なものをひとつ選べ．

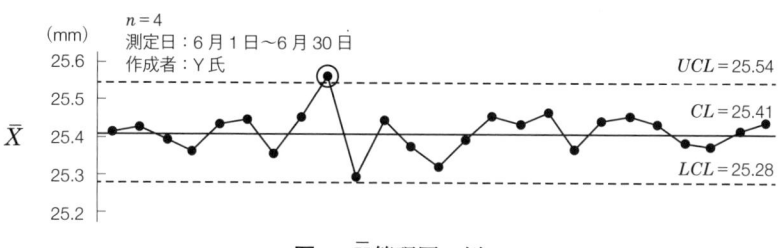

図 1. $\overline{X}$ 管理図の例

① LCL は下側管理限界線のことをいい，UCL は上側管理限界線のことをいう．

② 打点が管理限界線から飛び出た場合は，「工程は異常である」と判断する．

③ 打点が管理限界線内にあっても，片方に連続してかたよって打点されるなど，くせのある状態のときには「工程は異常である」と判断する場合がある．

　ア．①と②と③すべてが正しい．

　イ．①と②が正しい．

　ウ．③のみが正しい．

　エ．すべてが誤りである．

解説

この問題は，管理図の見方や工程異常の考え方を問うものである．

管理図は，工程（プロセス）の変動をある特定の順序で並べて視覚化した折れ線グラフに管理限界線を加えたもので，工程異常の検出を目的にしている．

$\bar{X}$ 管理図は，長さ，重さ，時間，強さなどの計量値で得られるデータについて，群（生産順序によって工程を時間的に区分したブロック）の平均値 $\bar{X}$ を用いて，工程水準を評価するための管理図である．

本問では，連続した観測値または群のある統計量の値を時間順またはサンプル番号順に打点した図に中心線と管理限界線を引いた管理図の考え方，使い方，見方について理解しているかどうかがポイントである．

解答

問70　ア

問70

$\bar{X}$ 管理図は，工程に通常と異なる変動や傾向があるかを統計的に判定する目的で，データを計算して得られた時系列グラフに，中心線（CL：Central Line）並びに下側（下方）管理限界線（LCL：Lower Control Limit）および上側（上方）管理限界線（UCL：Upper Control Limit）の3本の管理線が引かれる．

管理図を描いて，次のいずれかの条件に当てはまるかを見ることによって，工程平均やばらつきが通常と異なっている状態かを判定することができる．

(1) 管理図の点が，管理限界線（UCL, LCL）を超えている．

(2) 管理図の点が，管理限界線（UCL, LCL）を超えていなくても，点の並び方に通常と異なるくせがある．

　a）点が，連続して中心線（CL）の一方の側にかたよって現れる．

b) 点が，連続して上昇または下降する傾向（トレンド）がある．

c) 点が，不規則ではない規則性が見られる，または周期的なパターンが見られる．

　管理図の点に(1)または(2)の状態が見られたら，工程が異常であると判定する．すなわち，当該工程では，いつも起こっている程度のやむを得ない偶然原因によるばらつきでなく，いつもとは違う見逃せない原因によるばらつきが起こっていると考える．この場合は，工程が管理された状態にないと判断し，異常を発生させた原因を追究して原因を除去する必要がある．

　以上のことから，本問の①, ②, ③は，すべてが正しい．よって，正解はアである．

引用・参考文献

1)　品質管理検定運営委員会(2023)：品質管理検定（QC 検定）4 級の手引き，Ver.3.2, p.22，日本規格協会

4級

第3章

より良い製品づくりの
ための心構えと行動

18. 報告・連絡・相談（ほうれんそう）

問71

報告・連絡・相談のうち，連絡は，そのときの状況として，内容，重要度に加えて，どのようなことに考慮して，適切な相手や方法を選ぶべきか．連絡のポイントとして，もっとも適切なものをひとつ選べ．

　　ア．理解度
　　イ．親密度
　　ウ．緊急度
　　エ．コミュニケーション実績

問72

問題解決やさまざまな改善をより着実に進展させるには，3つの現を重視して検討することが重要である．この考えを三現主義というが，どの3語をまとめた表現か．もっとも適切なものをひとつ選べ．

　　ア．現場，原理，原則
　　イ．現象，原理，現物
　　ウ．現場，現象，現実
　　エ．現場，現物，現実

問73

会社では，働く人のために工場の中での安全をはじめとして，通勤時の交通事故防止，職場での作業環境上の問題除去など社員が安全に過ごせるように工夫している．多くの会社で行っている活動として，例えば，1週間，日ごとに

職場の安全点検の項目を決めて点検する取組みを何というか．もっとも適切なものをひとつ選べ．

　　ア．管理週間
　　イ．安全週間
　　ウ．監督週間
　　エ．健康週間

解説

　この問題は，より良い製品づくりのための心構えと行動に不可欠な，報告・連絡・相談（ほうれんそう），5W1H，三現主義，5ゲン主義，マナー，5S，安全衛生の活動などについて，基本的な考え方と行動すべきことは何かを問うものである．

　本問では，報告・連絡・相談，三現主義，安全衛生の活動について本質を理解しているかどうかがポイントである．

解答

⬤問71　ウ　　　⬤問72　エ　　　⬤問73　イ

⬤問71

　報告・連絡・相談における連絡は，共有すべき情報を関係者に正しく知らせることが要点である．連絡に際しては，自分の意見や憶測を入れないようにし，そのときの状況に応じて，連絡先（相手），内容，重要度，緊急度などを考慮して適切な方法を選ぶ．よって，正解はウである．

　連絡を適切に行うためには，組織として連絡が必要な情報は何かを整理し，

どの部署または誰に，いつまでに，どのような方法で連絡をするかのルールについて，非常事態発生時の緊急連絡網のような形で決めておくことが望ましい．連絡を密に行うことによって，問題や事故を未然に防ぐことや，万が一，問題や事故が発生した場合でも被害を最小限に抑えることができる．

連絡にあたって適切な相手や方法を選ぶときの考慮事項は，内容，重要度に加えて緊急度がポイントである．相手や方法を選ぶ場合，連絡の理解度の視点は求められるが優先度が低く，また分け隔てすることのない公平な連絡も大切なことから親密度やコミュニケーション実績による区別は優先度が低い．

引用・参考文献

1) 品質管理検定運営委員会(2023)：品質管理検定（QC検定）4級の手引き，Ver.3.2，p.28，日本規格協会

㊂72

三現主義は，現場，現物，現実という3つの日本語の頭文字の「現」を一つにまとめて表現した用語である．三現主義は，問題が発生したときや，改善に取り組んでいるときに不可欠な行動のあり方として，現場に行き，現物を直に観察し，現実的に検討することを重視する考え方である．よって，正解はエである．

三現主義は次のようにとらえるとわかりやすい．

① 現場とは，発生した問題や改善の対象はどこであるか（場）を意味し，その場（現地）へ行くことを指す．

② 現物とは，発生した問題や改善の対象が何であるかの実際を見て，よく観察することを指す．

③ 現実とは，現物の実際がどのような状況なのかを事実・データで検討することを指す．

三現主義を基本に据えた行動は，問題や課題のより着実な解決や達成に貢献する．なお，三現主義に，原理と原則を加えて5ゲン主義という場合がある．

引用・参考文献

1) 品質管理検定運営委員会(2023)：品質管理検定（QC 検定）4 級の手引き，Ver.3.2，p.29，日本規格協会

㊲ 73

　組織は，職場の作業環境の問題除去などの安全確保はもちろんのこと，通勤時の交通事故防止，定期的な健康診断や特殊作業従事者健康診断など，職場で安全に過ごせるように，労働安全衛生向上のさまざまな取組みを行っている．

　1 週間，日ごとに職場の安全点検の項目を決めて点検する取組みにふさわしい名称は安全週間であり，管理週間，監督週間，健康週間とは言わない．よって，正解はイである．

　組織は，安全週間を定めて，1 週間，日ごとに職場の安全点検の項目を決め，全役職員が参加して点検し，危険が予想される箇所，作業者，作業方法，機械・設備，作業環境などへの予防対策の実施，従業員の安全に対する考え方の教育などを行っている．これらの取組みは，安全週間という特定の行事期間だけでなく，常日頃から労働安全衛生を心がけ，継続的に取り組むことが大切である．

引用・参考文献

1) 品質管理検定運営委員会(2023)：品質管理検定（QC 検定）4 級の手引き，Ver.3.2，pp.31–32，日本規格協会

19. 5W1H

　ある部品メーカーの営業課の新人Aさんが，新規のお客様C社の購買担当のD係長を訪問し，自社部品の説明を熱心に行い，初めて受注にこぎつけた．Aさんからその報告を受けた上司のB課長は，良くやったとほめた後に「部品の納品はどのようにするのか」と聞いた．そこでAさんは，新人研修のときに学んだ5W1Hに基づいて次のように報告した．

　「C社では，これまで使っていた部品が来月上旬に在庫がなくなるので，今月末までにC社E工場に私（Aさん）が会社の車を使用して部品を100セット納品することにしました．」

⊛ 74

　Aさんが上司のB課長に報告した「在庫がなくなるので」は，5W1Hのどれに分類されるか．もっとも適切なものをひとつ選べ．

　　ア．What（何を）
　　イ．When（いつ）
　　ウ．Who（だれが）
　　エ．Where（どこへ）
　　オ．Why（なぜ）
　　カ．How（どのように）

⊛ 75

　Aさんが上司のB課長に報告した「今月末まで」は，5W1Hのどれに分類されるか．もっとも適切なものをひとつ選べ．

ア．What（何を）

イ．When（いつ）

ウ．Who（だれが）

エ．Where（どこへ）

オ．Why（なぜ）

カ．How（どのように）

🔲 **76**

A さんが上司の B 課長に報告した「C 社 E 工場」は，5W1H のどれに分類されるか．もっとも適切なものをひとつ選べ．

ア．What（何を）

イ．When（いつ）

ウ．Who（だれが）

エ．Where（どこへ）

オ．Why（なぜ）

カ．How（どのように）

🔲 **77**

A さんが上司の B 課長に報告した「私（A さん）」は，5W1H のどれに分類されるか．もっとも適切なものをひとつ選べ．

ア．What（何を）

イ．When（いつ）

ウ．Who（だれが）

エ．Where（どこへ）

オ．Why（なぜ）

カ．How（どのように）

㊞**78**

Aさんが上司のB課長に報告した「会社の車を使用」は，5W1Hのどれに分類されるか．もっとも適切なものをひとつ選べ．

　　ア．What（何を）
　　イ．When（いつ）
　　ウ．Who（だれが）
　　エ．Where（どこへ）
　　オ．Why（なぜ）
　　カ．How（どのように）

㊞**79**

Aさんが上司のB課長に報告した「部品を100セット」は，5W1Hのどれに分類されるか．もっとも適切なものをひとつ選べ．

　　ア．What（何を）
　　イ．When（いつ）
　　ウ．Who（だれが）
　　エ．Where（どこへ）
　　オ．Why（なぜ）
　　カ．How（どのように）

解説

　この問題は，すべての行動に必要な6つの要素として5W1H（Why, When, Where, Who, What, How）を見落とさずよく考えて，実務的な行動がとれるかを問うものである．

　私たちの行動には5W1Hの6つの要素が必要であると考えて行動すべきであるが，人間は思い込みなどから印象の強い要素，重要と思っている要素などに目が行きがちである．その結果，ある行動を観察したり注視したりするときに問題である行動を見逃すこと，不要な行動を計画したり実施したりすることがある．したがって，私たちが行動を起こすにあたっては，常に5W1Hの6つの要素が盛り込まれているかという視点から見つめ直し，ヌケ・オチ・モレがないように心がけることが重要である．

　本問では，5W1Hの6つの要素について，それぞれの要素の考え方を理解しているかどうかがポイントである．

解答

問74　オ　　**問75　イ**　　**問76　エ**　　**問77　ウ**
問78　カ　　**問79　ア**

問74

　AさんがB課長に報告した「在庫がなくなるので」は，部品納入の理由であることから，5W1Hの分類ではWhyに該当する．

　このWhyは，なぜ，どうして，何のためになどを意味し，理由，目的，背景を示している．よって，正解はオである．

問75

　AさんがB課長に報告した「今月末まで」は，部品納入の期日であることから，5W1Hの分類ではWhenに該当する．

　このWhenは，いつ，いつからいつまでになどを意味し，日時，期間を示している．よって，正解はイである．

問 76

Aさんが B 課長に報告した「C 社 E 工場」は，部品納入の場所であることから，5W1H の分類では Where に該当する．

この Where は，どこへ，どの職場などを意味し，場所，組織を示している．よって，正解はエである．

問 77

Aさんが B 課長に報告した「私（Aさん）」は，部品納入を行う人であることから，5W1H の分類では Who に該当する．

この Who は，誰が，誰と，誰になどを意味し，人を示している．よって，正解はウである．

問 78

Aさんが B 課長に報告した「会社の車を使用」は，部品納入の方法であることから，5W1H の分類では How に該当する．

この How は，どのように，どのくらいなどを意味し，方法，程度を示している．よって，正解はカである．

問 79

Aさんが B 課長に報告した「部品を 100 セット」は，納入する対象であることから，5W1H の分類では What に該当する．

この What は，何を，何についてなどを意味し，対象を示している．よって，正解はアである．

『広辞苑』（第 7 版）では 5W1H（When, Where, Who, What, Why, How）を「いつ，どこで，誰が，何を，なぜ，どのように行ったかという，報道や報告を構成する基本要素．」と解説している．

5W1H に How much（いくらかかるか）を加えて，5W2H という言い方をすることもある．

引用・参考文献

1) 品質管理検定運営委員会(2023)：品質管理検定（QC 検定）4 級の手引き，Ver.3.2，p.28，日本規格協会

20. マナー

㊟80

職場マナーに関する次の行為が正しい場合には○，正しくない場合には×を選べ．

「会社の一員であることを自覚し，自分勝手な行動をとらず，上司および先輩と報告・連絡・相談し責任をもって業務を遂行した．」

　　ア．○
　　イ．×

㊟81

職場マナーに関する次の行為が正しい場合には○，正しくない場合には×を選べ．

「営業課に異動し外回りの仕事やお客様の対応をするときは，汚れていても白シャツなどの地味なものを身につけている．」

　　ア．○
　　イ．×

㊟82

職場マナーに関する次の行為が正しい場合には○，正しくない場合には×を選べ．

「上司や先輩から業務上の指示などで声をかけられた場合は，敬語など使わずに親しげに話をして対応する．」

ア．○

イ．×

㊤ **83**

　職場マナーに関する次の行為が正しい場合には○，正しくない場合には×を選べ．

　「お客様との商談にあたって，少なくとも約束時間の５分前までには身だしなみ等をチェックして商談を開始できるように準備する．」

　　ア．○

　　イ．×

㊤ **84**

　職場マナーに関する次の行為が正しい場合には○，正しくない場合には×を選べ．

　「旅行のための宿泊予約などの個人的な用事を思い出し，業務時間中であったが個人の携帯電話を使用して連絡した．」

　　ア．○

　　イ．×

㊤ **85**

　職場マナーに関する次の行為が正しい場合には○，正しくない場合には×を選べ．

　「個人的に趣味で参加しているサークルの資料を，業務終了後に職場に置いてあるコピー機ではなく，コンビニエンスストアを利用してコピーした．」

　　ア．○

102

イ．×

この問題は，職場で明文化されていなくても，人間関係を円滑にするための暗黙の了解のような，職場生活を営むうえで社会人として常識的に守らなければならない職場マナーについて正しく理解しているかを問うものである．

多くの人たちが就業する職場には，業務を円滑に運営し，職場生活を充実したものにするため，就業規則や労働安全衛生規則など明文化されたルールや，明文化されていないマナーがある．職場によって独自で固有のルールやマナーがあり，組織で働く一人ひとりがこれらのルールやマナーを守ることが必要である．

本問では，最低限守りたいマナーである，社会人としての自覚，時間の厳守，挨拶，言葉遣い，服装，公私の区別，整理・整頓，環境配慮のそれぞれの内容を理解しているかどうかがポイントである．

解答

| 問80 ア | 問81 イ | 問82 イ | 問83 ア |
| 問84 イ | 問85 ア | | |

問80

ビジネスマナーの基本は，社会人としての自覚である．各自が組織の一員であることを常に認識し，自分勝手な行動はとらず，関係者へ適時適切に報告・連絡・相談をすることが重要である．また，働くことの意味を自覚し，自立的に学んで考え，責任をもって仕事を遂行し続けることがプロフェッショナルへの近道である．さらに，社会の一員であるという自覚のもとで，社会人として

法令遵守などのルールを守ることは信頼を得ることにつながる．これらの行動の積み重ねが，組織の健全な事業活動を支えるために不可欠である．よって，正解はアである．

ⓦ 81

組織で働く一人ひとりがきちんとした服装をするなど，身だしなみは組織の評価の良し悪しに影響する．身だしなみで注意することは，おしゃれではなく，相手に不快感を与えない清潔さである．

危険が伴う作業では危険を考慮した服装（作業服，帽子，靴など）の使用を取り決め，決められたものを着用して安全に作業を行う必要がある．服装の乱れは心の乱れを表すと言われており，作業ミスや事故を引き起こすもとになり得る．きちんとした服装をすれば，身も心も引き締まり，災害から身を守ることにもつながる．

これらから，汚れた清潔でない服装で顧客に対応することは，職場マナーとして適切ではない．よって，正解はイである．

ⓦ 82

相手を尊重する気持ちをもって，きちんとした言葉遣いに気をつけることは，良い人間関係を構築する基本になる．上司や先輩に敬語で接することや，年下の人にも呼び捨てではなく「さん」付けで接することが望ましい．

相手を尊敬し大事にする気持ちをもてば，言葉遣いも自然と良くなる．言葉遣いに気を使うことは社会人としての常識である．よって，正解はイである．

ⓦ 83

ある人が時間を厳守せずに遅れたことによって全体の仕事が遅延し，組織に損害を与えることがある．時間に間に合えばよいという安易な考えは好ましくなく，指定された時間より5分前には持ち場について仕事が円滑に開始できるように行動する意識が職場マナーとして重要である．よって，正解はアである．

104

🔵84

私的な用件で友人にメールや電話をするなど，業務時間中に私的な行動をとるような公私混同をしてはならない．公私混同は，職場の雰囲気や規律を乱すもとになる．

個人的な用件を連絡するため，業務時間中に個人の携帯電話を使用することは職場マナーとして適切でない．よって，正解はイである．

🔵85

組織の経営資源（人，物，金，情報，時間，知的財産など）を個人的な理由により使用するというような私的な行為は公私混同になる．

個人的な趣味で参加しているサークルの資料を印刷する場合，職場に置いてある業務用コピー機を使って印刷することは公私混同になるのでしてはならず，コンビニエンスストアなどのコピー機を利用し，業務時間外に印刷することが職場マナーとして適切である．よって，正解はアである．

引用・参考文献

1) 品質管理検定運営委員会(2023)：品質管理検定（QC検定）4級の手引き，Ver.3.2，pp.29–31，日本規格協会

21. 5S (1)

㊟ 86

次の記述は，職場において徹底されるべき内容を示しており，すべての仕事の基本となる職場環境の改善のために必要な5つの要素をまとめたものである．その5つの要素の頭文字から名づけられている活動の名称は何か．もっとも適切なものをひとつ選べ．

　ア．5ゲン主義
　イ．5S
　ウ．5M
　エ．QCDSE

解説

　この問題は，職場において徹底されるべきすべての仕事の基本である5つの要素からなる考え方や行動，概念について問うものである．

　5つの要素からなる考え方や行動，概念として一般に次のものがあげられている．

① 整理，整頓，清掃，清潔を4Sという．4Sにしつけ（躾）を加えたものが5Sで，職場において徹底されるべき内容である．

② 5ゲン主義は，現場，現物，現実という3つの「現」をひとまとめにして表現した三現主義に，原理，原則という2つの「原」を加えた考え方で，「ゲン」にはカタカナを使うのが一般的である．

③ プロセスの要素を追求していくと，多くの場合，人（Man），機械・

設備（Machine），方法（Method），材料（Material）の4つが構成要素となる．これらの頭文字をとって4Mという．この4Mに検査（Measurement）を加えて5Mという．

④ 品質（Quality），コスト（Cost），納期（Delivery）をQCDといい，総合的な品質として考える場合がある．これに生産性（Productivity），倫理・道徳（Morale, Moral），安全（Safety），特に労働安全性および製品安全（Safety），地球環境保全（Environment）を加えてQCD＋PMSEを総合的な品質とすることもある．QCDSEはこの7つの要素のうちの5つを用いたものである．

いずれも基本的なものであり，本問では，それぞれを理解しているかどうかがポイントである．

解答

問86 イ

問86

職場環境の改善に必要なものとしてすぐに思いつくのは5Sであろう．5Sはすべての仕事の基本ともされている．5ゲン主義は物事を捉える考え方，5Mはプロセスを捉える際の視点，QCDSEは総合的な品質の指標であり，それぞれすべての仕事の基本とはいえない．よって，正解はイである．

引用・参考文献

1) 品質管理検定運営委員会(2023)：品質管理検定（QC検定）4級の手引き，Ver.3.2，p.31，日本規格協会

22. 5S (2)

(問)87

　次の記述は，5S活動の何に相当するか．もっとも適切なものをひとつ選べ．
「機械のほこりを拭き，床や通路のちりやごみを取り払う.」

　　ア．整理
　　イ．しつけ（躾）
　　ウ．整頓
　　エ．清掃
　　オ．清潔

(問)88

　次の記述は，5S活動の何に相当するか．もっとも適切なものをひとつ選べ．
「日ごろから使用する道具，キャビネットなどを使いやすく，汚れのないように保ち続ける.」

　　ア．整理
　　イ．しつけ（躾）
　　ウ．整頓
　　エ．清掃
　　オ．清潔

(問)89

　次の記述は，5S活動の何に相当するか．もっとも適切なものをひとつ選べ．
「はじめに機械のまわりやキャビネットの中身などについて，必要なものと

不要なものを区分し，不必要なものは捨てる.」

　　ア．整理
　　イ．しつけ（躾）
　　ウ．整頓
　　エ．清掃
　　オ．清潔

問 90

　次の記述は, 5S 活動の何に相当するか．もっとも適切なものをひとつ選べ.
　「常に安全できれいな働きやすい職場にしておくために，定期的な清掃の日程や担当者などについてルールを決めて,実施しているかどうかを確認する.」

　　ア．整理
　　イ．しつけ（躾）
　　ウ．整頓
　　エ．清掃
　　オ．清潔

問 91

　次の記述は, 5S 活動の何に相当するか．もっとも適切なものをひとつ選べ.
　「道具，作業マニュアルなどを必要なときにいつでも取り出せて使える状態にしておく.」

　　ア．整理
　　イ．しつけ（躾）
　　ウ．整頓
　　エ．清掃

オ．清潔

解説

この問題は，5S に関する基本的な考え方を問うものである．

5S は，整理，整頓，清掃，清潔，しつけ（躾）の日本語のローマ字表記の頭文字をとったもので，職場において徹底されるべき内容を示しており，すべての仕事の基本といえる．一般に 5S は，次のような意味で使われている．

① 整理：要るものと要らないものに分け，要らないものを捨てること．

② 整頓：決められたものを決められた場所に置き，いつでも取り出せ，使える状態にしておくこと．

③ 清掃：常に掃除をして職場をきれいな状態に保つこと．

④ 清潔：整理・整頓・清掃を維持すること．

⑤ しつけ（躾)：決められたことを正しく守る習慣を身に付けること．

本問では，5S でいう 5 つの S の意味について理解しているかどうかがポイントである．

解答

⑱87　エ　　⑱88　オ　　⑱89　ア　　⑱90　イ

⑱91　ウ

---

⑱87

ほこりを拭き，ちりやごみを取り払う行為は清掃にほかならない．よって，正解はエである．

110

問88

使いやすく，汚れのないように保ち続ける行為は，清潔を保つことである．よって，正解はオである．

問89

必要なものと不要なものを区分し，不必要なものを捨てる行為は，整理である．よって，正解はアである．

問90

安全できれいな働きやすい職場を保つために，ルールを決めて実施し，それを確認する行為は，しつけ（躾）と呼ばれる．よって，正解はイである．

問91

必要なものを必要なときにいつでも取り出せて使える状態にしておく行為は，整頓である．よって，正解はウである．

引用・参考文献

1) 品質管理検定運営委員会(2023)：品質管理検定（QC検定）4級の手引き，Ver.3.2，p.31，日本規格協会

23. 総合問題

次の文章は，昨年ある会社で実施された改善活動の事例である．

　私たちの会社では，全社的な品質方針のもとで課ごとに品質目標・方針が決められ，改善活動に取り組んでいます．私たちの職場も，改善目標を決め改善活動を行ってきました．

　昨年4月に入社したY君が私たちの職場に配属されました．Y君は高校で品質管理を勉強していたということなので，Y君にも改善活動に参加してもらい，早く職場に慣れてもらうとともに，私たちの品質管理の知識のレベルアップを図るために，<u>職場の改善目標を立てて，メンバー全員で小集団の改善活動 (A)</u> を行うことにしました．

【ステップ1　テーマ・目標の設定とその背景】

　私たちの職場では，プラスチック板をプレス機で打ち抜き，いろいろな形状の基板を製造しています．

　改善活動のテーマを決めるために，メンバー全員で私たちの職場である工程（図1）の不適合品について調査しました．その結果，<u>図2 (B)</u> に示すように昨年5月の全体の不適合品数が80件（$n = 80$）であり，そのうち<u>プレスでの不適合品数 (C)</u> は全体の大多数を占めていることがわかりました．そこで，プレスで発生している不適合品の内容を調べたところ，<u>図3 (B)</u> に示すように

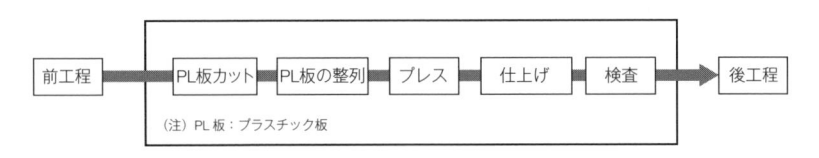

図1. 私たちの職場（工程）の状況

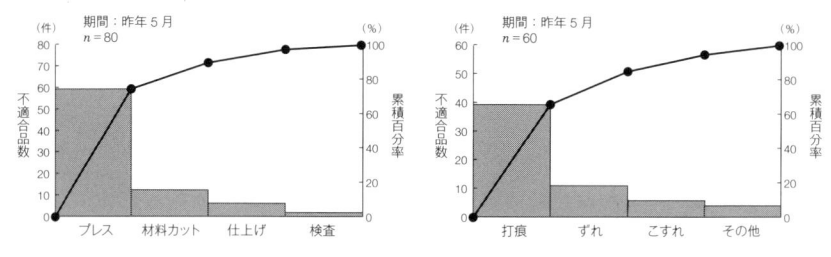

図2. 全体の不適合品の発生件数　　**図3**. プレスにおける不適合品の発生件数

「打痕」による不適合品数が65%を占めていました.

　また, 打痕による不適合品の発生件数について昨年2月から5月までの4か月間の状況をY君に調べてもらったところ, 表1に示すようになっていました. 表1 (D) を折れ線グラフに示したところ, 月が変わってもほぼ同じような不適合品数でした.

表1. 打痕による不適合品数

(単位：件)

月	不適合品数
2月	40
3月	38
4月	41
5月	39
合計	158
平均	39.5

　私たちの職場が所属する課の今期の方針として納入不適合品0 (ゼロ), 加工不適合品10%低減が掲げられていました. そこで, 私たちの今回の改善活動では, 次のような目標を決めました.

> 目標：プレスによる「不適合品を50%低減する」

【ステップ2（Ⅰ）】(E) …略

【ステップ3（Ⅱ）】(E) …略

【ステップ4（Ⅲ）】(E) …略

【ステップ5　対策の実施・フォロー】…略

【ステップ6　効果の確認】

　その結果，プレスにおける不適合項目の内容について改善前と改善後の状況は，図4に示すように昨年8月のプレスの<u>不適合品数が24件 (F)</u> になりました．

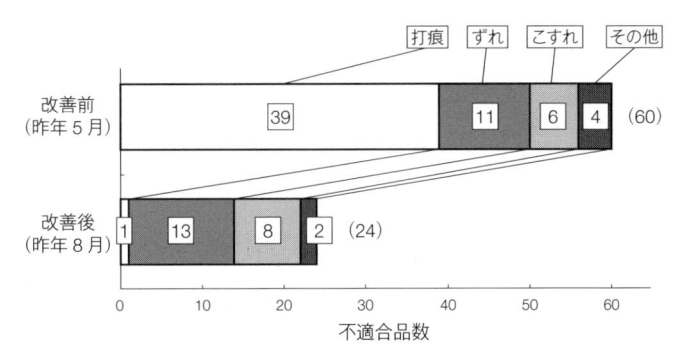

図4．プレスによる不適合品（改善前と改善後）

　そこで私たちは，<u>改善目標である「不適合品を50%低減する」(G)</u> に対して，今回の改善活動の達成度を確認することにしました．

【ステップ7　標準化と管理の定着】…略

【ステップ8　反省と今後の対応】…略

㉒**92**

　品質管理では，下線部（A）の小集団はどのように呼ばれているか．もっとも適切なものをひとつ選べ．

　　ア．QAサークル

　　イ．QCサークル

　　ウ．QDサークル

114

エ．QP サークル

㊲**93**

下線部（B）の図 2，図 3 は QC 七つ道具の一つである．その名称としてもっとも適切なものをひとつ選べ．

ア．パレート図
イ．管理図
ウ．散布図
エ．ヒストグラム

㊲**94**

下線部（C）において，プレスでの不適合品数の割合を求めると，全体の何％を占めているか．もっとも適切なものをひとつ選べ．

ア．10％
イ．25％
ウ．50％
エ．75％

㊙ **95**

下線部（D）のグラフとしてもっとも適切なものをひとつ選べ.

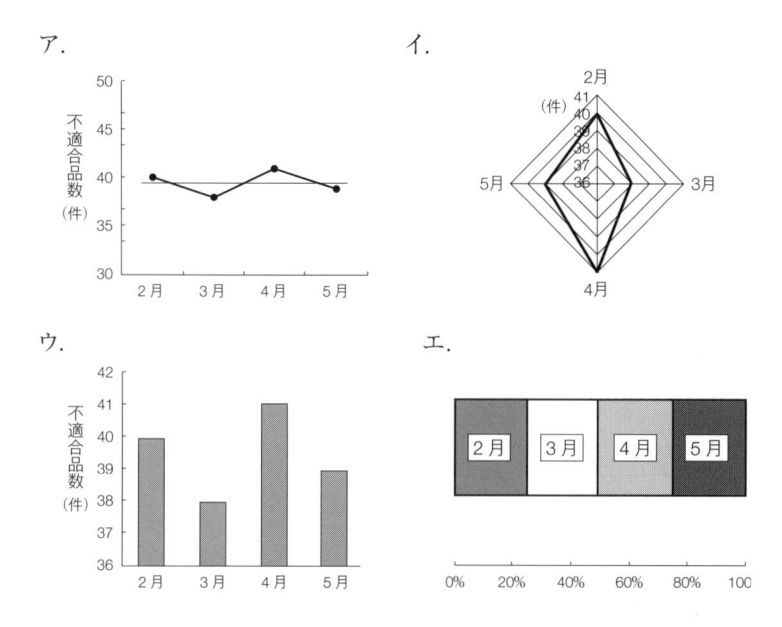

ア.

イ.

ウ.

エ.

㊙ **96**

この事例の改善活動は,『QC 検定 4 級の手引き』の QC ストーリーにおおむね基づいて行われている. 下線部（E）のステップ 2, 3, 4 にタイトルをつけるとしたら,（Ⅰ）,（Ⅱ）,（Ⅲ）の組合せとしてもっとも適切なものをひとつ選べ.

ア.（Ⅰ）対策の検討・立案,（Ⅱ）要因解析,（Ⅲ）現状把握

イ.（Ⅰ）対策の検討・立案,（Ⅱ）現状把握,（Ⅲ）要因解析

ウ.（Ⅰ）現状把握,（Ⅱ）要因解析,（Ⅲ）対策の検討・立案

エ.（Ⅰ）要因解析,（Ⅱ）現状把握,（Ⅲ）対策の検討・立案

116

問 97

下線部（F）において，実際の低減割合を求めるといくらになるか．もっとも適切なものをひとつ選べ．

　ア．50%
　イ．55%
　ウ．60%
　エ．65%

問 98

今回の改善活動は，下線部（G）に示す改善目標を達成することができたのだろうか．もっとも適切なものをひとつ選べ．

　ア．達成できた．
　イ．達成できなかった．
　ウ．どちらとも言えない．

解説

　この問題は，組織を想定し，そこで行われる品質管理活動を，実際のシーンに即した状況説明と問題や課題の設定を行い，その問題や課題に対する活動の詳細を述べながら，品質管理に関する総合的な理解を問うものである．総合問題は会話問題とともに，QC 検定ならではの実践的な出題形式である．

　本問では，『QC 検定 4 級の手引き』をきちんと読み込んで理解しているかどうかがポイントである．

解答

問92 イ　　**問93** ア　　**問94** エ　　**問95** ア

問96 ウ　　**問97** ウ　　**問98** ア

問92

職場の改善目標を立てて，メンバー全員で改善活動を行う小集団は QC サークルである．品質管理のレベルアップを図ることも QC サークルの目的に含まれる．QA（Quality Assurance）は品質保証だが，QD と QP は品質管理で用いられている一般的な用語には該当しない．よって，正解はイである．

問93

図 2 は，項目別に層別した出現頻度が，大きさの順に並べられており，その累積和が折れ線で表示されているパレート図の特徴に合致する．よって，正解はアである．

問94

図 2 からプレスでの不適合を探すと，もっとも多く左端に掲げられている．それが占める割合は，折れ線の一つ目の節を右側の軸から読み取ればよい．その点の位置は 80% よりは少し下に位置する．選択肢でその付近の値に該当するのは 75% である．あるいは，図 2 と図 3 により，全体の不適合品の発生件数は $n = 80$，プレスにおける不適合品の発生件数は $n = 60$ が得られるので，占める割合を $60 / 80 = 0.75$ と求めてもよい．よって，正解はエである．

問95

4 種類のグラフが提示されている．それぞれ折れ線グラフ，レーダーチャート，棒グラフ，帯グラフである．また，下線部（D）の横に折れ線グラフという記述がある．よって，正解はアである．

問 96

『QC 検定 4 級の手引き』にある QC ストーリーは次のようなものである．

　ステップ 1　テーマ・目標の選定とその背景

　ステップ 2　現状把握（悪さ加減の把握）

　ステップ 3　要因解析（因果関係の把握）

　ステップ 4　対策の検討・立案

　ステップ 5　対策の実施・フォロー

　ステップ 6　効果の確認

　ステップ 7　標準化と管理の定着（歯止め）

　ステップ 8　反省と今後の対応

下線部（E）は，目標を掲げた後，対策の実施・フォローとの間の 3 ステップを問うている．よって，正解はウである．

問 97

改善前に 60 件発生していた不適合品が，改善後には 24 件に減少したので，低減率は，

$$低減率 = \frac{(改善前の不適合品数) - (改善後の不適合品数)}{改善前の不適合品数}$$

$$= \frac{60 - 24}{60} = 0.6$$

となる．よって，正解はウである．

問 98

低減率の目標を 50% と掲げた活動が，それを上回る 60% の低減を達成できたので，目標は達成したと評価できる．よって，正解はアである．

引用・参考文献

1)　品質管理検定運営委員会(2023)：品質管理検定（QC 検定）4 級の手引き，Ver.3.2，日本規格協会

CBT 対応版　模擬問題で学ぶ QC 検定 4 級

2025 年 4 月 30 日　　第 1 版第 1 刷発行

監　　修　新藤　久和

発 行 者　朝日　　弘

発 行 所　一般財団法人　日本規格協会

　　　　　〒 108–0073　東京都港区三田 3 丁目 11–28　三田 Avanti
　　　　　https://webdesk.jsa.or.jp/
　　　　　振替　00160–2–195146

製　　作　日本規格協会ソリューションズ株式会社

印 刷 所　三美印刷株式会社

- 当会発行図書，海外規格のお求めは，下記をご利用ください．
  JSA Webdesk（オンライン注文）：https://webdesk.jsa.or.jp/
  電話：050–1742–6256　E-mail：csd@jsa.or.jp
- 本書及び当会発行図書に関するご感想・ご意見・ご要望等は，
  氏名・連絡先等を明記して，下記へお寄せください．
  e-mail：dokusya@jsa.or.jp
  （個人情報の取り扱いについては，当会の個人情報保護方針によります．）

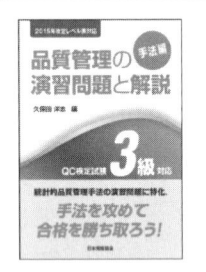
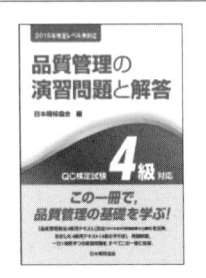

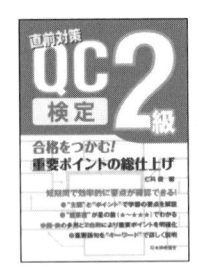